美德故事丛书

自强不息 厚德载物

美德是人生最有价值的一种资源。
一个人的美德能够促进他的人生发展，
并且有利于他实现自己的人生价值。

职业道德故事

颜煦之◎编著

南京出版社

图书在版编目（CIP）数据

职业道德故事 / 颜煦之编著. -- 南京 : 南京出版社，2011.10

（美德故事丛书）

ISBN 978-7-80718-817-9

Ⅰ. ①职… Ⅱ. ①颜… Ⅲ. ①职业道德－少儿读物 Ⅳ. ①B822.9-49

中国版本图书馆CIP数据核字(2011)第205001号

丛 书 名：美德故事丛书
书　　名：职业道德故事
作　　者：颜煦之编著
出版发行：南京出版传媒集团
南京出版社
社址：南京市老虎桥18-1号　　邮编：210018
网址：http://www.njcbs.com　　电子信箱：njcbs1988@163.com
淘宝网店：http://njpress.taobao.com
联系电话：025-83283871、83283864（营销）025-83283883（编务）

总 策 划：刘成林
出 版 人：朱同芳
责任编辑：程　瑶
装帧设计：陈淑芳

印　　刷：北京中振源印务有限公司
开　　本：787毫米×1092毫米　1/16
印　　张：12
字　　数：180 千
版　　次：2015 年 10 月第 2 版
印　　次：2015 年 10 月第 1 次印刷
书　　号：ISBN 978-7-80718-817-9
定　　价：23.80 元

营销分类：少儿 教育

目 录

李离自刎谢罪…………………… 001
华佗治病……………………… 004
魏征直谏……………………… 007
先学做人……………………… 010
忠于职守的捕头……………… 013
寇准撤宴……………………… 016
王安石拒收礼物……………… 019
主考官的骨气………………… 022
谈迁与《国榷》……………… 025
天下廉吏第一………………… 028
扫叶庄与踏雪斋……………… 031
林则徐修水渠………………… 034
张自忠二毙孙二勇…………… 036
追求真理做真人……………… 040
执法如山……………………… 042
外交官何凤山………………… 046
梅兰芳学艺…………………… 049
艺术大师和老农夫…………… 051
慧眼识英才…………………… 053
不怕死的行长………………… 056
危险的马钱子………………… 059
山村教师……………………… 061
特殊的护士…………………… 063
清洁工洁身自好……………… 065
青春无怨……………………… 068
改　变………………………… 070
锁　匠………………………… 073
好民警………………………… 076
忠于职守……………………… 079
国策干部……………………… 082
油海明星……………………… 085
巧断家务事…………………… 088
为子孙造福…………………… 090
医生的职责…………………… 093

快车押运员…………………… 095
职业军人…………………… 097
守陵人…………………… 100
勇敢的女干警…………………… 102
岗亭里的年轻人…………………… 105
新校长…………………… 108
酒店老板…………………… 111
背米阿松…………………… 114
管理员勇救女孩…………………… 117
女司机…………………… 120
海员勇斗海盗…………………… 123
大巴车司机…………………… 126
感天动地苟晓超…………………… 128
笑眯眯的空姐…………………… 131
出租车司机…………………… 134
为了顾客的信赖…………………… 137
侍者的劝告…………………… 140
为了公司的信誉…………………… 143
“火车”冲出城外 …………………… 146
老兵乌姆尔…………………… 149
好生意…………………… 152
教授舍身作试验…………………… 155
尼雷尔和霍克斯…………………… 158
兽医巴比库…………………… 160
监察员迪瓦达…………………… 163
护林员穆尼克…………………… 166
培养做人的尊严…………………… 169
大文豪编初级课本…………………… 172
学院秘书…………………… 174
种子库保管员…………………… 177
高明的校对员…………………… 180
年轻的教授…………………… 183
山不厌高…………………… 186

李离自刎谢罪

砍犯人的脑袋可不像割韭菜，砍掉了还会长出来。如果主审官员稍有不慎杀错了人，犯下的过错就无法弥补。春秋时，晋国主管刑法的李离，深知自己手操生杀大权，为了避免冤案，凡是重案都由他亲自审理。

一天，下属送来一名斗殴犯，这名囚犯参与了一次械斗，造成两人死亡，李离的下属不敢轻断，按照惯例交给李离审理。李离在审理这一械斗案时，发现有点儿不合情理：既然是三人械斗，为何其他两人死了而他毫发无损。审问犯人时，犯人却对参与械斗、致使两人死亡这一犯罪事实供认不讳。再问目击证人，证人都说是三人械斗，双方各死一人。纵有疑惑，事实摆在面前：囚犯参与了械斗，械斗的结果是两人死亡。

李离生平最恨械斗，有什么事官府不能处理，非要双方斗个白刀子进，红刀子出。这股刁悍的歪风若不狠狠杀一杀，国家难以太平！李离手下有位官员知道李离的脾气，对李离说："此贼不杀，国无宁日。"李离听了这话，直觉得怒气涌上心头，立即作出判决：斩首示众，以儆效尤！

过了几天，李离隐隐听说被斩的囚犯家属不服。事情已经过去，李离也冷静下来，他暗暗思忖：当初自己对这个案子就有疑问，莫非内中另有隐情？强烈的责任感促使他将囚犯的家属找来，重新进行审讯。

审问了囚犯的家属，再次询问了目击证人，几经周折，案情终于弄清。原来，那一天，囚犯的好友邀他去寻仇报复，囚犯碍于情面，答应一同前往，不过事前说明，他只助威，并不动手，他觉得两个打一个，打胜了也不算本事。好友找到了仇人，故意找茬动起了手，两个人像斗红了眼的公鸡，最后竟以性命相拼。囚犯本想帮着好友教训教训仇人的，没想到打到这一步，他正想上前劝架，可惜为时已晚，好友的剑刺中了仇人的胸膛，仇人的剑刺中了好友的脖子，两人几乎同时惨叫一声，随后一起跌倒在地。囚犯为好友的死自责，他丝毫不加辩解，只盼早点儿了结自己的性命，于是供认参与了这次械斗，致使两人死亡。

案情弄清了，李离陷入了沉思。他首先考虑，囚犯是否有罪。犯人虽然没有直接参加打斗，但在一旁为好友助威，实际上也是参与了械斗，有罪是无可置疑的。他又想，囚犯是否犯有死罪。犯人虽参与械斗，但毕竟不是唆使别人去打，也没有动手杀人，由此看来，犯人罪不至死。李离再深一步想下去，是否一定要杀了他来刹住打斗之风。他想来想去，觉得刹住打斗之风的办法很多，不可借刹住歪风之名重判罪犯死刑。他越想心越不安，总像有块石头压在心头。

一连几天，李离茶不思饭不想，从早到晚皱着眉头。他的妻子知道他的心思，百般进行劝解，他总是摇摇头说："判重了，杀错了，责任全在我。身为主管国家刑法的官员，我罪责难逃！"而当他来到官府时情况就不一样了。下属官员都像锯了嘴的葫芦，没有一个人开口，他们心里都很清楚：李离错杀了囚犯而自责，现在人头已经落地，任你如何劝解也无济于事。

一天下午，他将下属召齐，神色凝重地对他们说："前几天我错杀了一名犯人，明天我要去向国君请罪，以后你们要以我为戒，万万不可草率行事，做错了事都可纠正，杀错了人无法补救，切记，切记。"他的一名下属道："判处斩刑是我提出来的，大人应先拿我问罪。"李离说："提建议的是你，作判断的是我。提建议是你的职责，我要对作出的决断负责。再说，当时即使没有你提建议，我也会作出这样判决的。现在，我不能将应当由我承担的责任推给别人。"那名下属还想劝阻，李离摆摆手将他制止了。

第二天一早，李离自穿囚服、戴着枷锁准备上朝。他的妻子将他拦住，哭着说："你这是何苦！你杀的是囚犯，他本来就有罪，即使是判重了，也说不上枉杀无辜！”李离叹了口气说：“话不能这么说。将本不当杀的犯人杀了，这也是犯法，既然犯了法，怎能不向国君请罪！”他不顾妻子的一再劝阻，毅然来到朝廷。

来到朝堂，李离走到晋文公的座前跪下，朗声说道：“臣李离向大王请罪。”晋文公看他如此装束，不免吃惊，忙问：“李离，这究竟是怎么回事？”李离毫不掩饰，将事情的前因后果详详细细说了一遍，最后说：“臣有负大王的信赖，没能严格按法律行事，杀错了人，造成了冤狱，现特向大王请罪，望大王对臣严加惩治。”

晋文公知道李离一向秉公办事，断案从来没有出过什么差错，认为这不是什么了不得的大事，笑了笑说：“杀了个市井无赖，正一正社会风气也是好的。你没什么错，不必请罪。”

李离忙说：“人命关天，非同等闲小事，身为主管刑法的官员，杀错了人就是犯法，请大王处决臣，给犯人偿命。”

晋文公连忙命人给他打开枷锁，说：“现在你来请罪，我赦免了你的罪。”其他大臣听了，连忙上前劝慰：“大王赦免了你，赶快向大王谢恩。人非圣贤，谁能无错？李大人，这事到此为止。”

李离推开众人，说：“既然有罪，必当处罚！现在我要以一命以谢天下！”说完，他拔出藏在身边的匕首，猛然在脖子上一抹。只见他晃了几晃，跌倒在地。他用自己的生命，捍卫了法律的尊严，实现了他对百姓的承诺。

华佗治病

汉朝末年，有位名医叫华佗。

华佗七岁时，父亲就去世了，靠母亲帮人缝洗为生。后来家中贫困得实在没法生活了，母亲把他叫到跟前，哭着说："儿呀，你父已死，我没法养活你。城里药铺的蔡医生，是你父亲的好朋友，你去求他收你做徒弟，学点本事，将来既能为人治病，又能养活自己。"

华佗听了母亲的话，就进城拜师学医去了。

自小聪明过人的华佗，在师傅的指点下，不久就掌握了丰富的医学知识，不管什么疑难杂症，到他手里，大都药到病除。当地官员和朝廷太尉听到华佗名声，召他进宫做太医，都被他推辞了，华佗说："我一生只为人治病，不求高官厚禄。"

华佗诊病非常准确。一次，有两个官员头疼发热，先后找华佗看病。华佗问明病情后，给一个开了泻药，给另一个开了发汗药。有人在旁边看了华佗开的药方，问他为什么病情相同，用药却不一样。华佗说："这种病表面看来一样，其实不同。前一个病在内部，该服泻药，后一个只是受点外感，所以让他发发汗就好了。"那两个人回去抓了药服了，果然病都好了。

一天，一个姓李的将军，请华佗给他妻子治病。华佗去了。一摸脉，说这是怀孕时候伤了身子，胎儿留在肚里了。李将军说："我妻子已经小产过，胎儿已经下来了。"华佗说："按照我的判断，胎儿还在病人肚子里。"

李将军不相信。华佗走了以后，过了一百多天，他妻子的病越来越重，只好再请华佗来治。

华佗说："肯定有个坏死的胎儿在肚里。大概你妻子原先怀的是双胞胎，一个先小产下来了，一个留在肚子里。”

华佗给病人服了汤药，又给她扎针，果然产下了一个死胎，病人很快就恢复健康了。

华佗不但能治内科,还善于做开刀手术。他配制一种麻醉剂叫麻沸散。有个穷人近来肚子疼痛难忍，没过十多天，胡须眉毛全脱落了。华佗听说后，主动上门为他治病。诊断后，华佗说：“你脾脏溃烂了，得赶快开腹治疗。”华佗让病人服了麻沸散，用刀打开腹腔，把坏死的脾脏切除，再缝好创口,敷上药膏。一个月后,创口愈合,病就好了。病人家穷,没有钱。华佗说：“我给穷人治病，是不收钱的。”那病人连忙跪下磕头，千谢万谢华佗的救命之恩。

有个太守生病了，请了许多医生诊治都没治好，华佗诊治以后，认为这种病只有让病人发怒，才能治好。于是，他故意向病人索取很贵的诊费，却拖拖拉拉不给他开方抓药，过了几天，竟不告而别，还留下一封信，骂太守得了病是自作自受。

太守看罢，不由大怒，立刻派人追捕华佗。太守的儿子知道华佗另有用意，暗暗叮嘱家人不要去抓华佗。太守听说抓不到华佗，更是怒气冲天，一气之下，呕出几口黑血。不想这一呕，病反而好了。

当时身为丞相的曹操一直患头风病，发起病来，痛得受不了。他听说华佗医术高明，就派人把华佗请来，华佗给他扎了几针，头痛就止住了。曹操就把他留下来做随从医官，好随时给自己治病。

华佗虽然乐于帮助人，热心给别人治病，但他却不愿一直守在曹操身边，给一个人管药箱。他的志向是给所有的病人治病。一次，他借口回家探亲，顺便去取点药，曹操没有怀疑，让他回家了。

华佗回到家里，托人给曹操捎了一封信，说他妻子病得厉害，一时回不了许都。曹操一再催促，华佗总是拖着不去，曹操又命令郡县官吏去催，又碰了软钉子。这下可惹恼了曹操，他派个使者到华佗的家乡谯县去调查。他告诉使者，要是华佗的妻子确实有病，就送他四十斛小豆，听任华佗推迟假期；要是华佗谎言搪塞，就把他抓来。

调查的结果是华佗被抓走了。

曹操把华佗抓到许都，他认为华佗故意违抗他的命令，是大逆不道的行为，下令将华佗处死。

华佗被捕离开家乡时，随身还带着一部医书，这是他根据多年来积累的经验写成的。他没想到得罪曹操竟招来杀身大祸。他觉得让这部书湮没太可惜。临刑前一天，他把狱吏请来，对狱吏说："请你把这部书好好保存，将来可以靠它救病人。"

那狱吏胆小，怕接了华佗手里的书，将来曹操追究起来，自己受到牵连，说什么也不肯保管。

华佗十分失望，向狱吏要了火种，在监狱里把宝贵的医书烧毁了。

华佗死后，他的几个学生继承他的事业，继续为百姓治病。可惜记下华佗经验的那部医书却失传了。

魏征直谏

玄武门之变，秦王李世民杀了哥哥李建成，弟弟李元吉，逼迫唐高祖李渊立他为太子，把王位传给了他，一场你死我活的宫廷斗争终于结束。秦王府的人个个在肚子里打起小算盘，算一算从此以后，自己该捞着什么样的好处。

人们看到，长孙无忌、杜如晦、尉迟敬德等一班立了大功的，个个升官封侯，尉迟敬德甚至封了吴国公。人们在皇上身边，还看到了好些新面孔，这本来是很正常的事，皇上理应招揽更多的人才。但是，秦王府的人，在那些人中看到几张熟面孔之后，心里就不能平静了，因为那几个新人，正是原来太子和齐王身边的干将。最让人侧目的，要数原来跟随太子的魏征。

据说，李世民在玄武门之变后，立即把魏征找了去，沉着脸责问他："听说你给原太子出了好多点子，你为什么挑拨我们兄弟之情？"谁知这位原来东宫的红人居然神情自若，挺着脖子回答说："可惜太子不肯听我的话，否则怎会落到今天这地步！"在场的官员听了，都替魏征捏一把汗，只怕他这种话会招来杀身大祸。可是，李世民看到魏征性格耿直，一脸正气，不但没有办他的罪，反而让他当上了谏议大夫，专门负责向朝廷提出意见。

尽管秦王府那些没有升职的旧人对李世民重用魏征等人颇有意见，但李世民依然对魏征等人委以重任。魏征当了谏议大夫，也绝不因为自己原来的身份而谨小慎微，他依然像往常一样，有话就说，有意见便直接上书，办起事来也一如既往，当断则断，绝不手软。

当初，李世民当太子不久，为了安定人心，特别宣布了大赦令：在玄武门之变之前与原太子和齐王有关系的人，一律无罪，任何人不得借口加害，否则要办他们的诬告罪。但地方上的官员不相信李世民会这么大度，还在继续查办原太子和齐王旧党。李世民听说后，便派魏征去河北贯彻自己的大赦令。魏征行到半途，迎面便碰上地方官解押进京的两名犯人，罪名恰恰便是原太子和齐王的旧党。同行的官员都替魏征犯难，只恐怕今后有人会说他徇私包庇旧友。可是，魏征下了决心，对副使说："为了替太子和国家消除祸害，我不能为了避嫌而掉头不管。不赦免这两个人，大赦令说得再好听，也不会有人相信。"

他毅然下令当场释放了这两个犯人。回到京城，李世民特别夸奖魏征办的这件事，这以后，对魏征更加信任了。

李世民登基后，有一次派人征招各地府兵，有一位秦王府的旧臣封德彝上书道，不满 18 岁的男丁，只要身材高大，也可以应征。唐太宗认为有理，已经同意了，可是诏书一直被魏征压着不发。唐太宗催了几次，心里很不高兴，便派人把魏征找来，训斥他说："那些男子高头大马的，明明是隐瞒年龄，这种刁民为什么不能征招？我的诏书你怎么能扣着不发布？"

魏征听了，立即反驳说："当君主的人怎么能不相信自己的百姓？如果不满 18 岁的男子招来当兵，以后再要征兵，兵从哪里来？赋税又由谁来出？陛下的诏书明明说定招 18 岁以上的男子，这么做不是不讲信用了么？"

唐太宗不服气，反问说："我怎么不讲信用了？"魏征不慌不忙回答说："陛下不讲信用已经不止一次了。陛下登基时曾说过，过去拖欠国家的赋税一律免了，可是您手下的官员却照样征收，陛下可知晓？陛下曾下令免去关中百姓赋税二年，免去关外百姓劳役一年，照理说劳役和赋税都与征兵相当，现在却又要征兵，这不是失信又是什么？陛下可得以诚信待天下百姓那！"

一席话说得唐太宗哑口无言。过了一会，唐太宗才苦笑着说："我以往总觉得你魏征固执得不通情理，现在才知道你坚持的是国家的利益，错了的反而是我啊！”唐太宗立即下令，免征不满18岁的男子。

唐朝天下渐渐安定了，唐太宗在一批人的撺掇下，动了到泰山封禅的念头。满朝文武都以为这是盛世之举，唯独魏征以为不可。唐太宗生气，对魏征说：“你不同意封禅，是认为我功不高，德不厚，还是以为国家未安定，收成不丰足呢？”魏征回答说：“现在，隋末大乱造成的户口减少尚未恢复，粮食还不够充实，如果陛下车驾东巡，千乘万骑的供给势必靡费百姓有限的资财，远方各国的君主也要跟着来泰山，百姓更难胜任。这种有百害无一利的事，只是为了图个虚名，陛下为什么要急着办呢？”一席话，平息了唐太宗到泰山封禅的念头。

这以后，凡是唐太宗要修宫室，或者不肯接受谏官的正确意见，甚至在宫中逗玩小鸟，只要被魏征知道了，他总要上书劝说。这使唐太宗十分恼火。有一次退朝，唐太宗恨恨地对长孙皇后说：“这个乡巴佬，又当着众人的面顶撞我，让我下不了台，真是可恶极了！”过了一会，他看到长孙皇后穿着凤冠霞帔，恭恭敬敬前来向他道贺，不禁十分奇怪。长孙皇后行过礼，对唐太宗说：“君主圣明，臣下才敢直言进谏。陛下有魏征这样直言的贤臣，我怎能不来道贺呢？”听了皇后的话，唐太宗终于消了气，不再计较魏征的固执了。

贞观十六年（公元643年），魏征生病去世了。唐太宗十分悲伤，亲自为他写了碑文，并且对臣下说：“贤明的臣子就好像一面镜子，君主可以从中照出自己的过失。现在魏征死了，我是失掉一面镜子啊。”

先学做人

唐朝开元年间，有位名相，名叫宋璟。

宋璟（663—737），河北南和人，一向以刚正闻名天下。

唐睿宗时，他曾担任宰相兼吏部尚书。他革除前弊，选用人才，着实做了许多好事。

所谓吏部尚书，相当于现在的中央组织部长，专门负责选拔人才，为国家所用。唐朝时虽已有考试制度，不过推荐还是当时选用人才的重要途径。许多官员还是通过别人的推荐才能当官。

这种被推荐的人，首先得由吏部审查，如果审查通不过，也当不了官。

一天，一位吏部主事，将一篇文章上呈给了宋璟。

那主事道："下官受人之托，将这文章奉上大人，但下官并不认识此人。据那人讲，这位姓范的人在地方上很有文名，见解也颇独到，是个难得的人才，大人法眼请看，看了说好，下官再去调查这人人品。"

宋璟接过文章一看，扉页上写着"良宰论"三个大字。显而易见，这篇文章是专门谈论历代贤相的。宰相是国家大事的主要执行者，议论一下，原是好题目。

下端另外小字写着：山人范知璇。也就是说，作者是范知璇，"山人"是他对自己的谦称，意思是自己住在不发达地区，是草野之人。

这字一笔一划，力透纸背，字迹甚是雄劲。

宋璟还没有读文章，就不由赞了一句："好字！"

那主事其实与姓范的颇为熟识，因为身在其位，不好开口，他是知道宋大人脾气的。如果知道是他直接送的，就要疑心是不是与他有些瓜葛，开了后门，所以不敢直说。现在听他说这人字好，不觉喜形于色，心想有了这句称赞，希望又多了一分。

接着，宋大人就翻开文章读了起来。

这文章将历代兴亡，天时人事，经传子史，凡是触及良宰的，他都如数家珍，一一道来。文句朴实凝重，步步深入，鞭辟入里。

宋璟越看兴致越高，边看边用手指叩着桌面，道："难得，难得，不错不错，有看法，有见解，果然是个人才。"

那主事听宋大人赞不绝口，不由笑得连嘴也合不拢。

骤然间，宋璟的眉头锁了起来，原来读到文章的后半篇，范知璇口气一转，说起宋璟宋大人的好话来。他说宋璟上知天文，下知地理，广有计谋，绝对称得上是一位知人善任、"清如水、明如镜"的好宰相，上至晏婴、张良，下至魏征、房玄龄，没有一个及得上他。

这些话要多肉麻有多肉麻。

那主事不明就里，还傻乎乎问："大人，这人如何？"

宋璟问道："这篇文章先生可曾看过？"

主事道："是奉给大人的，下官不敢先看。"

宋璟道："这文章开头倒写得不坏，只是后面越写越不像话。"

主事大惊道："有这等事？这……这……"

宋璟道："老实说，就这篇文章的文字与说理部分而论，不讲后半篇，这人确是一个人才。"

主事道："大人说是人才就是人才，咱们吏部要的不就是有见解、文字好的人才吗？"

宋璟道："先生的话说对了一半。咱们吏部要的虽是人才，但一定要会治国利民的人才，千万不要不顾百姓、只顾自己升官发财、专门阿谀奉承的人才。这人如果想的是国计民生，为此切切实实提些建议，这就对了。但他为了投我所好，一味吹捧，这就是人品上有问题了。"

主事其实早看过这文章，心里暗暗叫苦不迭，心想这下马屁拍到了马腿上了，真是倒霉啊!

他连忙说:“那么，是不是派人劝他一劝，让他将来改正了，过后咱们再慢慢地审查他，怎么样？”

宋璟摇头道:“万万不可。这文章写不好，或许还能学，人品不好却不是一时三刻学得好的。如果让这类人当了官，他们第一件事，不是关心百姓疾苦，而是首先注意上级的喜好，一味的向上爬，这就一定成不了一个好的官员。至于这篇文章如何，并不重要。”

说着，就将这篇文章交回到主事手里，站起来，叹气道:“唉，文章写的好的固然不容易找，品行好的人更难找啊。”

主事手里拿着文章，呆呆站在那里，再不敢说什么。

第二天，范知璇来见主事，问这事如何了。

主事盯着他,看了半天,说道:“昨天宋大人将先生的大作掷还给了我，开始时，我只当是你应了古人的那句话，画蛇添了足，咎由自取。你如果不多写了那后半篇文章，说不定宋大人当场就看中了你，你没见他边读你这文章边赞叹的情景呢；后来想想，也不尽然，其实是你压根儿没有学会做人。宋大人说了，文章写不好，或许还能学，人品不好却不是一时三刻学得好的。我看，先生还是去先学学做人吧。”

范知璇被主事说得脸上一阵红一阵白，只好收起文章，快快走了。

忠于职守的捕头

这是宋朝年间的故事。当时，开封府有个捕头，名叫韩光召。

韩光召当了十几年的捕头，第一次为破案子、抓囚犯以外的事操够了心。想不到，在这天子脚下的开封府里，还有让自己这位名捕头几乎无法办到的事。这世道真是越来越不像话了。

事情是打衙门要换十匹坐骑开的头。捕快们办案时要用的牲口年岁大了，必须换年岁小一点的，跑得快的。韩光召按惯例呈报过府尹，从师爷那儿得了批条，从府库里支了银两，便要自己门下那位姓张的捕快去马市上买马匹。谁知张捕快瞅了瞅桌上放着的一堆银子，满脸苦笑地回禀："头，你那几两银子，让小的去买上五匹，还弄不准能不能挑到上等牲口呢。你想买十匹？"他摇着脑袋瓜，不肯再说下去了。

韩捕头听了这话，一肚子的高兴化作飞灰。他本以为自己替手下办的是件好事，张捕快该眉飞色舞才对，不料他却迎面泼来这么盆凉水，捕头的脸禁不住沉了下来："小张，这些银两足足可买十二匹马了，我给你的是肥缺，你怎么……"

那张捕快打断了捕头的话："您可别抬举我了，头！现今的马贩子，心要多黑便多黑。看到咱官府里去买牲口的，要的价成倍往上翻。他们以为，不赚白不赚，反正用的不是自己的钱，多要点谁也不心疼。只要肯花冤枉钱，他巴不得往你口袋里面塞孝敬。我可不想要这昧心钱。头，你招呼别人去买吧！"

听了这一席话，韩捕头恨不得立即去马市上抓几个贩子来，看他们敢不敢漫天要价。再一想，这样做不是有点仗势欺人吗？哼，我就不信买不到公平交易的好牲口，你小张不干，我自己干。就这样，韩捕头开始天天跑起集市来。

第一天，韩捕头跑的是狗市，这可把那些卖肉狗的、卖狼犬的吓了一大跳。这开封名捕怎么来啦？准是咱们兄弟中间有哪个犯了事，韩头这是摸底来了。可是没过多久，忐忑不安的贩子们放下心来，韩头这次居然是来打听犬价的，哪种狗要多少银子，他一一问来，临了还开玩笑一般问了句："我可有一匹好马空着，你拿几条狗来换？你这小子可不能宰我一刀，我知道了跟你没完。"

吓得那人赌咒发誓，抹脖子瞪眼，一五一十把价儿报明白，临了还愿孝敬韩头一条看门犬。好在韩光召也不是真心要买狗，跟他打了个哈哈离开了犬市。

第二天、第三天，韩头又逛了羊市、牛市，打听的事儿差不多，说的话也一样，弄得卖狗的、养羊的、贩牛的丈二和尚摸不着头脑，人人都在猜这六扇门里边的大哥，葫芦里究竟卖的什么药？

又过了几日，正当做买卖的开始忘了韩捕头闯羊市、牛市这件事的时候，韩捕头却一身便服，只带着同样没穿捕快衣衫的小张，一下子闯进了开封城外最大的那处马市，当起牲口的采办来。

一到马市，韩光召立即在熙熙攘攘的集市里看到了自己中意的马匹。在最抢眼的地段，有一群高头大马，马贩子背着双手，趾高气扬地在四周踱步。大约是马好、价格高的缘故，生意并不好。韩捕头朝小张使了个眼色，两人相偕一同朝那群马走去。

"哟，韩头！"马贩子看两人走上前来，眼睛里立即闪出光来，"今个儿哪阵风把您老给吹来了，请，请！"马贩子们当然最爱跟官府这些大主顾来往，在他心里，早把一笔可观的买卖记到自己的账上了。

事情果然不出马贩子的意料，韩光召一开口便提出，官府里要换十匹坐骑，看上了这群高大的牲口，他要马贩子挑岁数不大，能奔善跑的报上来。

“大人好眼力，”马贩子心里乐开了花，“我这批牲口是真正的西口良驹，运来京城途中，小的确实花了点功夫，你看这膘长得多好，全马市哪一家有这么好的牲口！”马贩子一心要抬高自己的要价。

可是，他的胃口很快便消失殆尽。当韩捕头跟他在衣袖里拉起手来讨价还价的时候，马贩子一脸的笑容立即凝结了，迅速变成了苦笑：“韩头，这怎么行？小的求您老赏口饭吃吃，买卖成了，小的理当孝敬您老人家。官库里的银子，您老又何必认真。”说着话，他已经想把手缩回来，放弃这笔买卖了。韩头哪里肯放他！便一把拽住他的右手，依然笑眯眯地说：“你别以为我只会抓贼。老子每次抓贼前总把情况摸得一清二楚，这次买马也一样。”说着，他在衣袖里迅速跟马贩子交换着手势：“狗是这个价，你那马能换这几头狗；羊是这个价，牛是这个价，你那马是不是能换这么多？这笔账不要我细算了吧？今天我每匹马多出这个数，你也赚着了，怎么样？”

马贩子的手被韩头铁箍般的手抓着，他的一切伎俩都被识破，他只得无奈地点了点头，让发财的美梦彻底地破灭。从此以后，整个开封的生意人都懂得了一点：跟府衙里那位韩捕头打交道，你别想占点便宜，他干什么事儿都比最老到的行家精明。

寇准撤宴

宋朝年间，有位丞相名叫寇准。这天晚上，丞相府又摆起了豪宴。本来就富丽堂皇的府邸，这下变得格外绚丽夺目。府门口，点亮一对特大的灯笼，灯笼上斗大一个“寇”字，从百步外就瞧得清清楚楚；从府门到客厅，家人站了一排，一个个穿戴整齐，喜气满面；全府里里外外，到处扎起彩球；连接亭台楼阁的长廊中，挂满各式各样的灯盏；就连厨房和马厩，也点了灯、燃起火把，整个相府透亮通明，有如白昼。难怪有人感叹：“天上神仙府，地下宰相家。”

如果有人看到了，要咂着嘴说声：“寇大人真排场，似乎太过头了些。”立即就会有人站出来替寇准辩解：“寇丞相为官清正，上至皇上，下至黎民百姓，没哪个不赞他是个好官。别以为大人这排场都是别人拍马溜须孝敬的，他花的可都是皇上赏赐的。光明正大地领赏，又把钱花在一同办事的官员身上，这才叫人佩服。他这样做，总比那些偷偷摸摸刮老百姓，吝吝啬啬掖起来留给子孙的强！人哪能没一点嗜好！”

这话确实有理，今天寇准又领了皇上的赏赐，他不忘一起办事的同僚，就请他们到相府相聚。

黄昏时分，寇准巡视了一番，忽然想起内院的老祖母。今天皇上赐的绸缎中，有两匹带寿字纹的，给老人家做衣服正合适，这便给她送去。

寇准兴冲冲地叫人抱了绸缎，来到祖母住处，正要开口呼唤，守在房门外的丫环却直朝他摆手。寇准不知有何变故，急忙上前低低询问。丫环说，老人听说外面办宴，闷闷地连晚饭也不想吃，下人们又不敢问是什么缘故。

祖母不乐，寇准心里着急。他很小的时候娘便死了，是祖母把他带大的。寇准对祖母孝敬有加，言听计从，从不敢违拗一句。“莫非今天看我领了赏只顾请客，忘了她老人家？”想到这里，寇准立即从家人手里取过绸缎，捧在手里，恭恭敬敬跨进屋去，满面笑意地走到老祖母身边说：“皇上今天给孙儿的赏赐，孙儿看中这两匹绸缎，请祖母过目，如果喜欢孙儿便去唤人给祖母做衣服，穿上身也图个吉利。”说着高高捧起那绸缎。

老人瞧了一眼，突然叹了口气，说：“你放下吧。”等寇准重新站到身边，祖母又吩咐他：“你坐下。”寇准心里疑惑，到祖母身边坐下，正想开口，祖母却又说：“你把鞋脱了。”寇准看到祖母指着他右脚的官靴，一时间感到莫名其妙，等他省悟过来，心底里忽然一阵抽紧，不知今天老祖母为什么突然旧事重提。他赶紧把靴子脱了，又脱了布袜，身子可再也不敢站住，直挺挺跪在了祖母身前。老祖母看了他好一阵，叹了口气说：“按理说，你老大不小了，有家有口，在朝中还任着宰相之职，我不该再提旧事，揭你的伤疤，可今天我不得不说了。你年纪大起来，官越做越大，脾气倒越变越像小的时候了。”她伸出手，指了指寇准右脚背上的伤疤，接着说：“你还记得么，小时候你专爱养鹰跑马，你娘恨极了，一称砣砸出的这个伤疤？你娘死后，我可没跟你少说过。你摸一遍，哭一场，发誓要改掉贪玩的脾气。你当了宰相，我心里高兴，觉得日后在地下见了你娘，总算有了交代。现在倒好，你不跑马，不放鹰，专拣大的玩，三天两头摆阔气，场面越来越大啦。你今日再摸摸伤疤，想想究竟该不该啊。”

寇准低着头，掩着脸上的泪痕，低声回禀道：“孙儿不敢忘记娘的教训。皇上赏赐的金帛，绝不敢留作自家私有。孙儿想到，功劳该是众人的，赏赐也该归大家，把宴请搞得风光一点，好让同僚们都高兴。”

老祖母听了，伸出手摸了摸身边的绸缎，忽然哭出声来。寇准吓得跪着往前移了两步，又叩起头来。老祖母这才站起身，让他穿上靴子坐下。

寇准不肯穿靴，在祖母身边坐下。老祖母指着绸缎说：“当日咱家还穷，你娘死的时候，想找一块像样的绸缎做殓被，都没找到。谁能料到今天咱们家能这样富贵！你要跟同僚们一块庆功，也犯不着这般铺张。就不说天下穷苦百姓还很多，单是京城，还有好多人家饭都吃不饱。你要请客也该简朴一点，留下钱接济穷人，让他们也感激皇上的恩典，这才是你当宰相的本分。”

寇准听完祖母的话，就像幼时一般，挺身站立起来，双手往胸前一拱，说了声：“谨听祖母吩咐，孙儿这就去把今天的宴席撤了。”

老祖母见了，脸上现出笑容，劝他说：“今天就不必啦，你今后注意便是。”

这一回，是寇准不肯答应了，他抬起头，满脸严肃地对祖母说：“有娘在天之灵辅佑，有祖母时时提醒，孙儿应该知错便改。改得越快越好，方显出从善的决心。”老人听了，不觉连连点头。

寇准光着脚，大步往门外走去，丫环连忙追出房门，递上布袜和官靴。不一会儿，丞相府跑出一半家人，分头去通告各位应邀的大臣，今日宴会不再举行，留下银两赈济百姓。

王安石拒收礼物

王安石（1021—1086），北宋著名的政治家和文学家，字介甫，号半山，江西抚州人。担任过翰林学士兼侍讲、参知政事等大官。

王安石因操劳过度，患上气喘病，这病不发则已，一发起来连说话都断断续续。有时，喘得整夜睡不成觉。

皇上知道后，请太医为他诊过，只是王安石一不肯吃名贵好药，二不肯按照医生的吩咐卧床休息，故而总不见好。

这天他正坐在书房里批阅文件，下人来报，说他的门生薛向求见。薛向这人为人干练正派，办事周到利索，王安石对他极为器重，是他一手提拔起来的。但他为公不为私，并不因此图报，只与他师生相称。今日他来求见，王安石忙一抬手，请他进来。

薛向笑嘻嘻地走了进来，行了礼，坐下道："一直在外，未能时时听恩师的教诲，恩师身体可好？"

王安石道："安好，安好。你怎么样？听说你一直在东北，那里气候不易适应吧？"

薛向笑道："学生已经调任京城里来了。从此以后，就能常常听到恩师训导了。只是听到恩师身体欠佳，心中实在不安。"

王安石笑道："死不了，死不了，就是气喘，说话不便。"

薛向道："学生在东北一呆5年，闻得恩师气喘难治，特地向当地名医请教。据他们说，紫团参是治气喘的特效药。那里正是紫团参的产地，虽然不易得到，却得老天保佑，总算买到了一点。——小罗，快取药来！"

站在他身后的小僮听见主人叫唤，连忙取出礼盒，恭恭敬敬地递到主人手里。

打开礼盒，里面是3支紫得发黑的人参，虽谈不上是千年一遇的极品好参，却也是日常难得一见的东西。

据专治气喘的名医说，吃了这参，即便是积年不治的气喘病，也能药到病除。

王安石不是不知道这一点，但他连看也不看一眼，连连摇摇头道："别拿出来，别拿出来，你跟随我多年，又不是不知道老夫的脾气。"

当时边上正有一位官员进来，见了，劝道："荆公，下属一向知道荆公不肯收外人礼物。只是荆公的病，此药正是对症，有了这药，荆公不但能身体康健，多为民造福，而且也不辜负了薛世兄的一番好意。荆公就是不为薛世兄想想，也得为百姓想想。"

王安石笑道："我平生从未服紫团参红团参，照样活到今天，看来一时三刻也死不了。两位不必为我操心，不如讲些当地情况，让我对各地有所了解。"

其实薛向嘴上说得轻描淡写，他弄来的这三根紫团参，却是好不容易才到手的。如今他的一番好意，不被恩师所采纳，心里着实不是味道。

出来后，那个帮他劝过王大人的官员道："薛兄虽与荆公有师生之份，却因长年不在荆公身边，不了解他的脾气。听我讲两则荆公不肯收人礼物的小故事给薛兄听听。"

原来王安石生来脸黑，虽说不如灶王菩萨一般，却也与传说中的黑脸包公差不多。有人背后骂他"黑子"、"乡巴佬"。

几个赞成他改革的"新党"人氏，个个为他抱不平，其中以吕惠卿几个尤甚。他们赌气不赌财，千方百计四出寻找张罗，声言不惜多少钱，也要为荆王一洗这"黑脸"之耻。

老天不负苦心人，到底被他们问到一张偏方，说用"澡豆"洗脸，持之以恒，不出三个月，任什么黑皮肤也洗白了。

于是他们急忙派了手下四处收购，终于为他收到两斛，不料，一送到王安石手里，他连看都不看，闭着眼睛，推开道："瞧你们几个，我那皮肤是天生的，要这澡豆何用？万一真的洗白了，死了见阎王，阎王竟认不出我来，如何是好？"说罢哈哈大笑起来。

众人被他笑得尴尬，见他态度坚决，只好走了。

又有一次，有人想巴结他，为他弄来一方砚台。

这块砚台名贵得很，用檀木盒装着。打开一看，只见石头细腻精纯，上有隐白文二道，仿佛龙蛇，其迹有似薄纱蒙障。更有一个特点，磨墨时不用倒水，用嘴就砚稍稍一呵即可。

那官员在王大人面前犹如变戏法的魔术师一般，手舞足蹈，当场呵气给他看。

王大人淡淡地站在一边，看完了，问自己的管家道："顾管家，咱家请人担水几文钱一担？"

管家被他问得云里雾里，随口道："回老爷话，老爷吩咐过不许少给他们钱，别人家两文钱一担，咱家三文。"

王大人对献砚人道："尊驾听见了。我王安石一来书法极差，二来写字也不靠砚好，三来你说可以呵水，就是我整天就着砚台呵，也呵不出一担水来，即便呵出来了，也就值三文钱，一天才三文实在不值，尊驾还是请拿回去吧。"

薛向听了这两则故事，不但心里不再尴尬，反而更加敬重恩师三分。

主考官的骨气

中国南宋时有个遗臭万年的卖国贼,他就是秦桧。自从他当上了宰相,便将军政大权紧紧抓在手中。他招降纳叛,在朝廷中组织了以他为首的卖国集团。为了达到跟金人议和的目的,他竟然以“莫须有”的罪名将屡败金人的岳飞杀害。朝廷中的一些正直官员和广大人民群众对他恨之入骨,但也敢怒而不敢言。

秦桧位极人臣,干尽了丧尽天良的坏事,可是他还想将卖国的家风一代一代传下去,便通过贿赂手段,让他的儿子秦熺丧“考”了个状元,如今孙子秦埙已经长大成人,秦桧又想故伎重演,想为孙子也弄个状元当当,再次光耀门楣。

这一次的主考官是陈之茂。他是个坚决反对妥协投降的大臣。秦桧得知皇上点的主考官是陈之茂,心里不舒服。他知道陈之茂的政见跟自己不合,又有股犟脾气,担心陈之茂不买他的账,使自己的美梦成空。转念一想,自己是当朝宰相,咳嗽一声满朝都震动,谅陈之茂也不敢拗了自己,难道他的颈项比岳飞还硬!

秦桧派人到陈之茂那里,请陈之茂到宰相府来一趟。陈之茂见了来人,心中一愣,随后心想:身正不怕影斜,怕他怎的!再说自己跟宰相到底还有个上下之分,不去于礼不合,去就去!陈之茂来到相府,秦桧先跟他寒暄一番,然后问起有关这次考试的事,随后单刀直入:“我的孙儿秦埙这次也参加考试。听他老师说,他的文章字字珠玑,陈大人阅卷时,务请注意他的卷子,若能入陈大人法眼,就选他当状元,不知陈大人意下如何?”

陈之茂听了秦桧的这番话,心里“咯噔”了一下。要是不答应,说不定秦桧会奏请皇上更换主考官,考场只怕要更加黑暗,真正有才能的学子更无出头之日。他略一沉思，随即回答道："下官为国家选拔贤才，令孙有如此才学当然有机会，只要令孙文章写得好，下官一定遵命。"听了陈之茂的答话，秦桧心里暗暗得意：管他什么"硬骨头"，到了我这里骨头就得发酥。人们都说陈之茂有"骨气"，如今不也是俯首听命？秦桧哈哈一笑，命人送陈之茂回府。

考试结束，陈之茂认真阅起卷来。他发现山阴有位名叫陆游的考生，不仅文章写得好，字里行间更透出一股爱国热情，他将陆游与秦埙的试卷再三比较，为国选才的责任心促使他下决心录取陆游为状元。

发榜以后，秦桧气得暴跳如雷：这个陈之茂居然如此大胆，竟敢将什么陆游取为状元！他本想奏请皇上将陈之茂捉拿查办，但又怕引起满朝文武和天下学子的非议，思量再三，决定暂时将这口气咽下，反正明年还得由礼部复试，届时总有办法，等到孙儿做了状元以后，非将这个陈之茂杀了不可！

既然跟奸相秦桧较上了劲，陈之茂也不肯半途而废，他一方面写信给陆游，要他好好准备明年的复试，一方面明确通知礼部，主考官选定的状元是陆游。秦桧得知以后，更是火冒三丈：这个陈之茂，真的不要命啦！居然明文通知礼部，岂不是存心跟我秦桧作对！难道礼部的人真的会附会陈之茂？

礼部复试以后，判卷的官员都觉得陆游的文章，如行云流水，文中充满爱国热情，确实比秦埙华而不实的文章好得多。先前已由主考官陈之茂将陆游定为状元，自己又何必留给后世骂名？大家一致决定，将陆游排名第一。消息刚一传出，就把秦桧气得发昏，怎么礼部的人也中了邪，有意跟本相爷过不去？他贼眼转了几圈，立即有了主意：罗织罪名捉拿陆游，没了陆游料想礼部那些混蛋再也不能跟自己对着干了。陆游得到消息，只得悄悄逃离临安（今杭州）。这下秦桧总算抓到了理，既然陆游畏罪潜逃，就该由第二名秦埙递升为状元。

秦桧的指命下达礼部，立即引起轩然大波。京城的官员和考生们传得沸沸扬扬，当朝宰相竟然用如此手段要让自己的孙子当状元！事情已经到了这一地步，陈之茂当然不肯退缩，他大义凛然地说：一切由皇上定夺！

礼部考试以后，最后进行殿试。秦埙硬着头皮前往，沿途受到人们的指责和讽刺，就是脸皮再厚也不免羞愧慌张，殿试时写了些什么连他自己也说不清。为了考状元闹得满城风雨，宋高宗在殿试前也略有所闻，宋高宗对秦埙的考卷特别注意，仔细地从头到尾看了一遍。这份卷子写得杂乱无章，宋高宗看了直摇头，将秦埙取为状元，岂不要被天下人骂为“昏君”！为了表明自己是“英主”，宋高宗将秦埙由第二名降为第三名。

殿试是科考最后一关，皇上的话一槌定音，公布的名次再也不能更改。秦桧又恼又恨，没料想自己败在小小的陈之茂手下，他急火攻心，结果生了一场大病。陈之茂虽然差一点儿为这事丢了性命，却博得了朝野的一片赞誉。他为国选才、不畏权势的高尚品德，一直被后世的考官们奉为楷模。

谈迁写《国榷》

明清之交，一大批读书人心灰意懒，从此不想过问政事，只想昏昏沉沉地打发日子，恪守着他们对大明皇朝的一片忠心。在这批人中，有早就闻名遐迩的大学者，也有名不见经传的贫苦读书人。在这批读书人中，有一位浙江的秀才名叫谈迁。

谈迁虽然在明朝没挣得一官半职，却绝不肯改弦易辙，去当清朝的官员。明朝灭亡之后，他在乡间家中隐居了一段时间，觉得十分无聊，想找点值得做的事干干。他想到古人立德立言之说，便决定退而取其次，以著书立说消磨自己的后半生。他要写的，是贯通古今的历史巨著《国榷》。

穷秀才要写大著作，消息传遍县城，说好话的没几个，撇着嘴的倒有一大堆。那意思当然是觉得谈迁太不自量力。谁都知道，史书的编撰首先要拥有丰富的资料，才能有所取舍，他谈迁有多少书？又读过多少书？更不要说从编写到刊印需要的巨资了。总而言之，穷秀才狮子大开口，要成功实在是难。

可是，谈迁却丝毫不去理会那些风言风语，他自小便性子倔，好跟人对着干。他相信铁杵成针的道理，只要细水长流，坚持不懈，哪怕花上十年二十载，他也愿意。

人言这东西，像一阵风，来得快也去得快。人们在议论了一番谈迁之后，看到谈迁默默地开始了自己的创作，也就不再说什么，过了一阵子，全县城的人多见不怪，再也没人去管谈迁究竟想干什么了。

谈迁却一往无前地开始了著书立说工程。他确实买不起多少书，便向县城里有藏书的人家借阅。他借的书，总是按时归还，目的当然是为了能继续借书。有的人家不肯把书借出门，谈迁便千方百计，恳求那家借间下房，在房里抄写。他是那么认真，没过多久，当地县城的书，便被他读遍了。

下一个目标便是省城，那里的藏书十分丰富，资料齐全。谈迁来到省城，便一头扎进了书堆之中。他在书肆默背，在客栈点灯熬夜，又像在县城那样，东借西抄，足足花了三年时间，终于把能看到的书都读过了。

回到家中，街坊们却看不到谈迁的身影了。他把自己关在书房里，从整理素材，编写纲要，再到连缀成篇，足足花了二十年时间，才把《国榷》写成。

谈迁面对三大竹箱的《国榷》原稿，心里既高兴又紧张。他一心要把这草稿变成书，盘算着二进省城，去找一个肯替自己出书的主顾。

第二次上省城，谈迁是一无所获。谁也不敢替他出《国榷》，只怕沾上一点反清的边，便要陷进文字狱。可是，谈迁万万没料到，当他赶回家乡的时候，另一场更令他伤心的悲剧在等待着他。

就在谈迁进城那天，一个小偷光顾了谈家。梁上君子不肯空手离开，看谈家实在没有可偷的，只有那三只竹箱倒沉沉的，或许里边有些值钱的东西，便把《国榷》的原稿偷走了。

谈迁回到家，听到这个消息，真似五雷轰顶，他顿时呆了，随即便号啕大哭起来。他这一哭，直哭得昏天黑地，二十年的心血毁于一旦，怎不让他伤心欲绝。别人没法劝他，只能让他尽情地宣泄心头的悲伤。

哭了好久，谈迁终于停了下来。他擦干眼泪，自言自语地说："我的双手还在，难道便这样停下了？"从这天开始，谈迁便很少和人说话，他默默地从头开始，重写《国榷》。幸好材料还在，他可以重新整理。就这样，直到谈迁过了花甲之年，才把《国榷》重新写成。

谈迁二写《国榷》的事，传到省城，打动了一些士子，他们设法帮谈迁刊印这本巨著，《国榷》终于问世了。

白手起家，一无材料，二无资金，却要写出一本历史巨著，这需要何等坚定的意志，谈迁就是这样确定目标，百折不饶的勇士。《国榷》成而复失，这对谈迁又是一场何等残酷的摧残，如果没有坚韧不拔的精神，任何人都会在这样沉重的打击下一蹶不振。可是谈迁却从头做起，再一次去经历成功的艰辛。世上无难事，只怕有心人，精诚所至，金石为开，谈迁的成功，确实证明了这些道理。

天下廉吏第一

被雍正皇帝誉为“天下廉吏第一”的，是清朝顺治、康熙年间的大臣于成龙。雍正皇帝知道了于成龙的事迹后，不仅屡加赞誉，还追赐他“清”的谥号。这时候，距于成龙去世已有40多年，于成龙若地下有知，也应对此感到欣慰。

于成龙初登仕途，曾任罗城知县。那时候，战事尚未完全平息，天下百废待兴。县太爷要是首先修复官衙，谁敢说三道四！可是，于成龙没有这样做，他关心的是国计民生。他命人在树丛中搭了间茅屋，以此作“县衙”。这“县衙”太简陋了，门是树枝编的，桌子是泥坯堆的，床铺是几捆干草。“县衙”里没有内外之分，县太爷办公、生活都在这间茅屋里。于成龙经常带着随从外出巡视，他从来不乘轿，全靠两条腿走。他的随从本想跟着他沾点光，捞些好处，看到这种模样，未免心灰，有人吃不了这份苦，悄悄地溜了。没了随从，于成龙便一切自理。有次上司派人送公文到罗城，几经周折才找到“县衙”。差人看到有个人在洗衣裳，还以为是仆人，上前一问，才知道这人就是知县大人。差人惊讶万分，忙不迭躬身请罪。来人离开罗城后，县太爷自己烧饭、洗衣的事便传开了。

有一年，于成龙升任福建按察使。赴任前，他命手下买200斤萝卜放到船上。买这么多萝卜干啥，难道按察使大人以为福建没有萝卜，买这么多当地土产送人？一名贴心老仆向于成龙问起这事，于成龙笑着说：“福建有萝卜，这是我带上船自用的。这次前往福建，不是一天两天能到的，有了这些萝卜，口渴了可用之解渴，没菜时可用之烧菜。”老仆听了于成龙的话，感慨地说：“做官的要是都像老爷这样，很多事就好办得多了。”

到了福建，于成龙办事十分认真，生活极其俭朴，手下人稍有懒散，他就严肃地说："做官的，千万不能贪图安逸，办事图安逸，就要成为昏官；更不能贪图钱财，一贪财就要成贪官污吏。"

于成龙的官衙里有棵槐树，人们发觉这棵树上的叶子日渐稀少，有人对此注意起来，发现于成龙的仆人每天摘取槐叶。一名官员好奇地问仆人，采槐树叶干什么？仆人回答道："我们老爷喜欢喝茶，可是这里的茶叶太贵，老爷舍不得花太多的钱买茶叶，就让小人采槐叶代茶。"福建的官员听了，都讥笑于成龙太小气。于成龙得知后微微一笑说："天下刚刚安定，百姓生活困苦，我们做官的不节俭，老百姓将不堪重负。别人说我小气，就让别人去说吧！"

于成龙不仅自己生活俭朴，对妻子儿女的要求也很严格。他在外做官，从来不带家眷，一怕他们养尊处优，沾染上奢侈的恶习；二怕自己有所分心，对公事不能全力以赴。有一年，他在江西任上，儿子从家乡来探望他。儿子回乡时，他没给儿子钱财土产，当时厨房里正好挂着一只咸鸭，他就取下切了半只给儿子带回家。这件事传出去以后，有人编了一句顺口溜："于公小气心胸狭，公子临门割半鸭。"这句顺口溜传到了民间，老百姓对于成龙更加敬重了。

由于于成龙勤于政务，为官清廉，声名鹊起，官职不断升迁。康熙二十二年，于成龙被朝廷任命为两江总督。两江一带是天下首富地区，总督是封疆大吏，两江总督是天下第一肥缺，这是官场上人人皆知的。康熙皇帝看中了他，正因为他为官清廉。

消息传到两江总督府所管辖的江苏、安徽、江西一带，顿时忙坏了当地的大小官员。于成龙的清廉，他们早有所闻，不过他们又想，清不清只是为官的声誉，清官又能清到哪里去？要保住自己的乌纱帽，马屁是要拍足的，新总督即将到任，"恭迎"是一定要做好的。有的广罗异宝，作为拜见新总督的见面礼，有的准备了豪华府邸，打算献给新总督作为督府。有位江西大吏想得更周全，不仅准备了见面礼，而且准备了华屋，连同侍从、奴婢都一应俱全，只等总督大人到来后献上去。

正当大小官员掐算着日程，准备为新总督接风洗尘时，忽然传来消息，于大人已经到任，进了总督府。原来，于成龙上任既没用仪仗，也没有成群的亲随，只是雇了辆毛驴车，到金陵赴任。难怪官府派了许多人打探，也没有探知总督大人何日到金陵。官员们为之一惊：这位总督大人非同一般，以后做事要格外小心。

于成龙到任后做的第一件事，就是将属下的官员全都召去训话。看着大小官员，于成龙严肃地说："既为朝廷命官，就必须奉公守法，勤恳办事，绝不许玩忽职守，贪赃枉法，若有违背，严惩不贷。"这番训话，给了当地官员一个下马威，为端正两江地区的官风，起了威慑作用。在于成龙的任上，两江官场没有发生过严重的鱼肉百姓、贪赃枉法的事。

两年以后，年近七十的于成龙病逝于两江总督任上。临终时，于成龙没有家人在身边，一切由属官料理。逝世后，丧事由当地官员操办。属官们整理于成龙遗物时，发现他的财产少得难以置信。三年清太守，当时有十万白花银，更何况两江总督！可是，他的遗物除书籍以外，只有一只旧箱子，内盛粗丝衣一套，靴子一双；梳洗用具一套；旧缸一口，内有少许粗米；小盂一只，内有少许盐。此外别无它物。

于成龙为官几十年，一直没有违背他的为官原则：勤于政务，体恤百姓，清正端方，生活节俭。难怪雍正皇帝赞誉他为"天下廉吏第一"了。

扫叶庄与踏雪斋

清代医学家叶天士，江苏吴县人，他的祖父、父亲都是名医，可谓家学渊源。由于自幼耳濡目染，叶天士从医后，还善于学习百家之长，融汇贯通，自成一家。他治疗各种疼痛，往往不被古法束缚，具有创造性。他是名闻遐迩的医家，人们称他为“天医星”。

在吴县城里，还有与他齐名的医学家薛雪。薛雪本为苏州人，迁居吴县，他曾选辑《内经》，编成《医经原旨》。薛雪博学多才，医术高明，不足之处是待人有些傲气。

有一次，一个更夫患了重病，到薛雪那里就医。薛雪见他全身浮肿，行动迟缓，认定为水肿后期，无法可医，便直言相告，要他回家安排后事。更夫听了如同五雷轰顶，自己这么一死，家里的妻儿老母由谁来养活？他抱着一丝希望，来到叶天士的诊所，请“天医星”诊治。

叶天士仔细给更夫做了检查，最后说：“你的病确实很重，不过照脉象看，还没有到病入膏肓的地步。我先给你开贴药方，你到药店抓两贴药，两天以后，我再给你诊治。”

更夫服了两天药，病情有了好转。更夫喜不自胜，对治愈疾病有了信心。第三天，他急忙赶到叶天士的诊所，请叶天士再给他开方子。叶天士见他的病情有了好转，又给他仔细检查了番，重新开了药方。经过一段时间的治疗，更夫的水肿全部消退，病愈的更夫逢人便说：叶大夫是天医下凡，把他从鬼门关救了回来。

这话很快吹进了薛雪的诊所。薛雪听了心中不快：哼，这个叶天士，竟然跟自己叫起了板！他认为叶天士在拆他的台，有意跟他过不去，一怒之下将自己的住所称为“扫叶庄”——将叶天士扫地出门。他叫人做了块匾，把它挂在屋檐下。

这块匾刚一挂上，叶天士马上就知道了。叶天士顿时气往脑门涌，连连说道：“薛雪如此给人治病，可谓庸医杀人，他不作反省，反倒迁怒于人，可恶，可恶！”他马上要人做了块匾，上书“踏雪斋”三个大字——把薛雪踏在脚下，看他拿我叶天士怎么办！做好以后，叶天士命人挂在门楣上。

以后两人成了仇敌，断绝了来往，偶尔两人在路上相遇，一个眼睛望天，一个眼睛看地，若不是顾及体面，两人都想狠狠地“呸”一声。

两人势不两立，给病家带来不少麻烦。过去，叶天士和薛雪互相切磋，有时给病人会诊，取长补短，治好不少疑难杂症。如今可麻烦了，找了叶天士看病便不能找薛雪，薛雪治过的病人叶天士不再把脉，有时病家竟拿不定主意请谁诊治。

时隔不久，叶天士的母亲得了病，叶天士悉心诊治，谨慎开方，丝毫不敢大意，可是，吃了好多天药，他母亲的病不见好转。叶天士急得团团转，弄得一筹莫展。

其实，这也难怪，一位名医，并不能包治百病。再说，医生给亲人治病，往往瞻前顾后，不敢开药方。吴县是个不大的县城，东城刮风，转眼间就会刮到西城，叶天士的母亲久治不愈的事，薛雪很快得知。当局者迷，旁观者清，薛雪从别人那里知道了叶母的病情，知道这种病非得用白虎汤不可。他与叶天士隔阂虽深，但是毕竟救人要紧，他找来与叶天士交往甚密的朋友，把自己的诊治意见说给那人听。

那人一下子明白了薛雪的用意，立即把薛雪的意见转达给叶天士。叶天士虽然心有疑虑，但也相信薛雪决不会害人，并且薛雪的处方很有道理，于是根据薛雪的意见，抓了药煎给母亲服。这下真是药到病除，叶天士母亲的病情一天天好转，没过多久，就恢复如初。

薛雪不计前嫌，为母亲开药方，叶天士大为感激。他想：论医道，自己可能比薛雪略高一筹，不过，薛雪也有不少长处值得自己学习。感激之情和求知之欲打消了他骄傲、埋怨的情绪，他决心前往“扫叶庄”，向薛雪致谢和请教。

叶天士来到“扫叶庄”，向薛雪道谢，薛雪深明事理，立即向叶天士道歉。薛雪吩咐仆人，立即将“扫叶庄”的匾额取下来。第二天，薛雪回访叶天士，抬头一看，“踏雪斋”的匾额不见了。

两位名医亦师亦友，为中医理论中的温病学作出了贡献。后来，吴金寿收辑了薛雪的医案，与叶天士、缪遵义的医案合刊，定名为《三家医案合刻》。

两位名医由对立而和解的故事告诉我们：谦虚谨慎、与人为善是多么重要。

林则徐修水渠

一百六十年前，到广州禁烟的林则徐终于因为朝廷的昏庸腐败，被罢了官，遣送去新疆伊犁。官场沉浮，他早已不放在心上，但眼见中华大地即将毒烟遍布，林则徐不禁悲从中生。他真不忍心看泱泱大国从此沉沦，堕入万劫不复的境地。

从中原大地到边陲伊犁，迢迢万里，身为犯官，林则徐比以往更清楚地看到了民不聊生的惨状。来到河南，林则徐一行无法再往西行。这一年，黄河决堤，成千上万的灾民被困在大水中，交通中断，哀鸿遍野，真是祸不单行那！

河南的地方官员听说林大人到了，都希望他能留在河南，率领大家战胜洪魔，便联名上书朝廷，降旨委派林则徐治河。北京的大员们正为河南水患伤透脑筋，看到地方官员的保奏，觉得这正是推卸责任的妙法，于是顺水推舟，恩准林则徐缓一年去伊犁，留在河南重建黄河大堤。

心力交瘁的林则徐，本来可以在大水退去后立刻西行，但是，河南百姓的灾难牵动他的心，他毅然留下，承担起修堤的重任。这一年，他夜以继日，修复决口的黄河大堤。大堤一段段修好了，林则徐却显然老了许多，身体也大不如前。

人们都希望，林则徐可以用修堤的功绩抵销朝廷的刑期，或许他可以留在河南，不必再流放到伊犁去。可皇上的金口没改，林则徐在一年之后，还得踏上遥遥的西去之路，继续他罪官路途。

出玉门关，走古丝绸道，穿浩瀚戈壁，身为犯官的林则徐终于到了伊犁。这里，恐怕是他生命的最后一站。可是，命运老是作弄人。在伊犁，地方官早已给林则徐准备了一个见面礼，那是一杯苦酒，要林则徐饮下。

来到伊犁，林则徐还没消除万里远行的劳顿，将军府已经下了一道命令，要他即日上任，担任当地勘办开垦的官职。伊犁地处边陲，四周都是沙漠，农垦十分困难，勘办这个职务既普通，又最费力，而且吃力不讨好，历来没有谁肯担当，即使摊上这个职务，也总是敷衍塞责，尽快想办法升迁到别处。林则徐是个罪官，这种事不给他还能给谁？

林则徐跟那些官场的混客截然不同，他的处世原则是：只要有利于国家和百姓的事，即使出生入死，他也义无反顾。他早就听说，边塞因为农耕落后，当地百姓和士兵的生活十分艰难。为让边民和驻军安居乐业，振兴农耕实在是首要任务。他一声没吭，立即接下了勘办开垦的职务。

为了当好勘办，林则徐不顾年老体弱，带人勘探伊犁周边地区。他发现，要解决农耕问题，关键在于解决灌溉问题。缺水，是伊犁农耕的最大困难。他沿着官道，一路勘探，最终找到了水源，那便是近百里外雪山上的冰雪。冰雪每年融化，水却流不到伊犁。看来，只有开渠引水，伊犁才能发展农耕。

于是，林则徐立即规划开辟一条百里引水渠。当地土质疏松，雪水很容易诱入地底。所以这水渠必须能承受流水而不漏。林则徐根据地形，能经过石道的地段就开沟，经过沙地的地段就砌道。经一年多的辛苦，一条五米宽的水渠终于建成，从雪山脚下直通伊梨郊区。它引来源源不断的水，灌溉了两岸地区，总共开垦出三万七千多亩良田，缓解了伊犁地区的用水和百姓缺粮的困难。从此开始，伊犁将军府就可以减少从内地运来大批粮食了。

今天，如果你到伊犁去，还可以看到林则徐当年修建的水渠。一百六十多年过去了，那条水渠还像当年一样，把雪山的水引来伊犁，替沿岸人民造福。当地的人称这条渠叫“皇渠”，那恐怕是当时地方官为了巴结朝廷，颂扬皇恩浩荡而起的名字。其实，它应该称作“林渠”，那是林则徐为民造福而刻在中华大地上的丰碑。

张自忠两毙孙二勇

张自忠（1891—1940），山东临清人，字荩忱，1916年加入冯玉祥部，1923年任第25师师长。1931年任国民党军第29军38师师长。“七·七事变”后，任第59军军长，率部在鲁南台儿庄抗击日军。

1938年3月，一天，大雨如注，通往台儿庄的津浦铁路旁，张自忠率领的大军正急行军，猛地里，一声军令：“停止前进！”

部队像火车遇上了急刹车似的戛然而止，齐刷刷地站在路上，一动不动。

一匹高头大马“噼哩啪啦”地跑到队伍前面，骑在马上，威风凛凛、身披黑色大氅的是张自忠将军。紧跟在他身后的是警卫营营长孙二勇，一个身材魁伟、声若震雷的紫脸膛汉子。

“执行命令！”张自忠将军威严地说。

凄厉的号声响了起来。战士们的脸上一齐变了色，这是执行枪决的号声。

两个士兵被五花大绑推了过来，“砰砰”两声，两人倒了下去。

接着是宣布罪状：这两人昨晚去了一家杂货店，白拿了两把油纸雨伞，不但不给钱，还打了店主！

将军在马上用他低沉而有力的声音说：“我要的是胜仗。这种时候，不得不如此。——把他们身上的绳子解开，好好安葬他们！”

他低下了头，好一会，才含着眼泪缓缓地说：“我……我对不起你们，是我没有好好教育你们！”

将军的声音虽然没有提高，但还是从队伍的头里一直传到了队尾。

“不过，还有一件更为恶劣的事，”猛地，将军的嗓门高了八度。“昨天夜里，就在我们队伍驻扎在田各庄的时候，我们当中有个人趁黑摸进了民房，强奸了一个年仅16岁的姑娘！是好汉的给我站出来！”

抢把纸伞就要枪毙，出了这样的大事能饶得了他吗？上下数千人没人吭声，只有一阵阵风雨声。

“你有娘就想想自己的娘，你有妹子就想想自己的妹子，16岁，她还要做人，还要去嫁人、当娘。现在全让你毁了！”张自忠将军说下去，声音中的愤怒在逐步升级。“你不站出来，那好。今天夜里，每个人都剥光裤子相互检查，包括我在内。据这姑娘说，她抓伤了这个人的大腿根。”

当天夜里，部队驻扎下来，经相互检查，终于真相大白：干这事的竟是张自忠将军的亲信、营长孙二勇，这个救过张自忠将军、亲手砍下过18个日本鬼子头颅的勇士！

“是我瞎了眼了，把他抓起来！”张自忠将军下了命令。

死刑是无可异议的，执刑士兵问孙二勇：“孙营长，死前，你还有什么要求吗？？”

“我要求见军长一面。”孙二勇苦涩地说。

张自忠将军在沉思，连头也不回，他的心在痛：“不见。”

执刑士兵举起了枪，但是他们的手在颤抖，毕竟，这是一位自己的兄弟，一位难得的勇士。

“妈的窝囊废，你们的手抖什么？开枪啊，20年后老子又是一条好汉！”孙二勇在咆哮。

枪声响了，连枪声都那么犹豫。孙二勇倒了下去。

3月28日开始，台儿庄成了一座活地狱：中国的士兵在与日本鬼子一拼死活。谁也没有时间去想孙二勇。

但是，约在20天后，一天，值班的士兵进来报告：“报告……报告张军长，他，他……回来了！”

“谁？”

“孙……孙营长，孙二勇。”

进来的确是孙二勇本人，一个活生生的人，不是鬼魂，只是形容枯槁，头发像个鸟窝，人瘦得像条丝瓜，军服烂成了布条儿。

他向张自忠将军行了一个军礼，未开口眼圈早已红了。

行刑的士兵慌了神，两枪都未击中要害。百姓养好了他的伤，劝他一逃了之。

“孙营长的命真大，看来军长不会再杀他了吧？”兄弟们都在为孙二勇高兴。人无死两次的罪啊。

然而，张自忠将军召集高级将领们开会，讨论结果是，孙二勇还得第二次被执行死刑，理由只有一个：这支军队如要打败日本侵略军，就必须有铁的纪律，必须是一支铁军！

军法处长向孙二勇宣读了这个命令，孙二勇虽然伤后无力，双腿还是并不得一条线，腰背挺直得犹如一根电线柱子。

读完了，处长问他：“孙二勇，你有什么话要说？”

孙二勇异乎寻常地平静：“我懂。我坚决服从命令！”

张自忠将军亲自请他吃饭，大碗酒，大块肉，作陪的一律是全军最高的将领。

菜绝对的好，酒也不错，可是没有一位将领有胃口。

众人都不讲话，只是默默地举起碗来，默默地向孙二勇敬酒。

孙二勇来者不拒，只是一点头，站起来，一饮而尽。这一餐，他喝下了不少于二十大碗的酒。

一位师长在临散席前问他：“孙营长还有什么话没有？”

孙二勇不作回答，站起来，拉开自己的衣衫：他的胸膛上纵横交叉的是令人吃惊的伤痕——与鬼子拼刀时留下来的见证。

张自忠将军也站起来：“大家都拉开衣衫！”

于是，大伙纷纷拉开了自己的衣衫，人人都有类似的伤痕，为国出力，大家都一样。

这次枪子儿没飞错了地方，孙二勇在枪响后，再也没起来。

两天后，中国军队在台儿庄重创日军，这消息震惊世界。

追求真理做真人

陶行知，是我国伟大的人民教育家，大众诗人，著名的社会活动家。1891年出生在安徽省徽州歙县黄潭渊村一个贫困的家庭。他自小认真读书，于1914年以头名的成绩从金陵大学赴美留学。先与孙中山先生之子孙科同读市政，后来转学到哥伦比亚大学，与胡适一同成为著名教育家杜威的入室弟子。读完教育学之后，于1917年回国，开始了教育救国的人生理想。

一连八年，陶行知全盘推行杜威先生的“教育即生活”、“学校即社会”、“从做中学”的教育方针。但是，中国不是美国，半封建半殖民地的社会跟资本主义社会的实际相差何止万里，把文明国度里的时髦产物，一成不变装在洋车里拉进中国这个穷国度里推行，注定不会成功。八年的经验和教训使陶行知清醒过来，他感到此路不通，便按照中国的实际情况，把杜威的“教育即生活”改成“生活即教育”，把“学校即社会”改成“社会即学校”，把“从做中学”改成“教学做合一”，方针翻了半个筋斗，便创造出适合中国国情的生活教育理论，在中国的大地上推行。他自己也把当初的名字“陶知行”改为“陶行知”。

陶行知终于把自己要做的大事定位在一个出发点上：在中国要办一百万个乡村学校，借乡村教育，改造社会。他自己在南京郊区的晓庄办起了第一个乡村教育的实验学校晓庄师范，用来指导其他的乡村学校。

当时，晓庄还是个偏僻的乡村，举行过开学典礼，陶行知就带领了十三个出身农家的学生，赤着脚，在荒地里支起了帐篷，一边劳动，一边学习，他把“教学做合一”的口号具体化成“拜老农为师”。陶行知与学生广泛结交农友，替农民做了许多好事，农民也乐意为学校出力帮忙。

不久，晓庄师范初具规模，有了师生们安身立地之所，陶行知便把家人搬来晓庄。他舍弃了丰裕的教授生活，谢绝了去设备先进的学校当校长的聘请，他只有一个目的，就是以身作则，自己率先“追求真理做真人”。

学校刚成立的时候，教室里的课桌椅都是同学们带来的，大大小小，高高低低，实在不成体统。于是，陶行知请来一位农村木匠，替学校打造课桌椅。木匠师傅整天埋头干活，也无法提高打造课桌椅的速度。

陶行知胸有成竹。这天他来到木匠工棚，见那位木匠师傅正忙得满头大汗，便倒了一杯水，让他坐下，笑着对他说：“我们不是请你来做桌椅的，是要请你当‘先生’的。”那木匠师傅笑了，说：“我一字不识，做不成先生。”

陶行知也笑了：“你可以教学生做桌椅呀。你教会一个，我给你一份工钱；如果一个也没教会，哪怕桌椅全做成了，也不给你一文钱。”听说要他教学生，木匠师傅觉得十分为难。陶行知亲切地说：“不要紧，大家都当先生，你教木匠活，我教你识字。我今天就是来拜先生学木匠活的。”说完挽起双袖，立刻学起木匠活来。

课桌椅做成了，学校有了生气，陶行知立刻让生物教师把生物书放下，到山里去上课。他请了捉蛇师傅，教学生捉蛇；请了药师，到山头教学生采药，做到随时教育，随地教育，随人教育，生物课变成了改造晓庄环境的实践课，这种课，上得生动活泼。学生们也变成了能够熟悉中国农村，能和农民打成一片，能够改变农村面貌的真正的人。

执法如山

三国时期，有一段诸葛亮挥泪斩马稷的故事；1947年，也有一段刘邓大军挥泪枪毙一位副连长的故事。

被枪毙的是一位违反三大纪律、八项注意的副连长赵桂良。

副连长赵桂良，原属三连，作战勇猛，与人为善，自己得了打摆子还去替战士放哨。他因屡立战功，表现良好，不久，他调到直属警卫团里担任副连长。

1947年10月13日，这时正是解放战争时期，我军节节胜利，国民党军队则兵败如山倒。

刘邓大军带领司政机关，来到湖北黄冈的总路嘴。

中午时，野战军政治委员邓小平带了保卫科长张之轩，去街面上检查部队的纪律作风。

他们走了好几个地方，发现军队纪律严明，路面整洁，心里颇为满意。

突然，他们发现有两个挑柴的汉子坐在街边，嘴里嘟嘟哝哝不知在讲什么，同时手指朝着对面指指点点的。顺着他指的方向一看，一个解放军用步枪挑着一卷花布和一小捆粉丝，还夹着几张白纸和几支毛笔，正走出店来，而店里却空无一人。

邓政委大怒，叫着过去："喂，站住！你是哪一部门的？"

那人走得飞快，压根儿没听到，拐了一个弯，走远了。

邓政委气呼呼地对张之轩说："这真是岂有此理。张之轩同志，这个任务交给你，迅速查明这是什么人，立即向我报告。"

张之轩的脸白了，他应了一个"是"，转身走了。

夜间，保卫科长张之轩已经查明，随手拿走百姓物品的战士，正是赵桂良。他向邓政委作了汇报，然后将赵桂良关了禁闭。

当夜，张之轩上禁闭室去，他问："赵副连长，你自己也知道，违反军纪，将是个什么罪，现在，你能说说你这样做的动机吗？"

赵桂良摇摇头，说："谢谢张科长，我没什么要说的，这是我自作自受，罪有应得，该什么处分就给我什么处分好了。"

两个人你看看我，我看看你，半晌说不出话来。

这时，一个战士泪眼婆娑地走了进来，叫道："首长……首长，你知道不知道，咱们连长拿的东西，没有一样是他自己要的。"

赵桂良喝道："别胡说！"

战士还是说下去："不，不，我要说，咱们连长没有一样是为了自己。花布，他是为了我，他说我身子单薄，禁不住冻，想给我做件棉衣……纸和笔是准备给连里出壁报用的；而，而粉丝——"

"不许说！"赵桂良大喝一声。

战士看着张之轩。

张之轩拉了战士的手，来到一个僻静的地方。

张之轩点点头："说下去！"

"他说，他说，刘司令人瘦了一圈，他想，为他煮碗粉丝汤喝。司令员一向喜欢喝粉丝汤……"

张之轩的眼睛模糊了，他自己都忍不住掉下眼泪来。因为他知道，为了这个，赵桂良将付出什么代价啊。

"当时店老板不在，他打算……等到他回来再去付钱……"

张之轩自参加保卫科工作以来，已经办过不少案子，但是这种案子还是第一遭，他决定向首长反映具体情况。

他找到邓政委，将这事的前前后后一一说了。

邓政委沉默了很久很久，最后说："我的心情，跟你的一样，赵桂良确是一个难能可贵的战士。但是，纪律是胜利的保证，不管怎么说，这是一件不可原谅的违纪事件。部队的现状和大别山的形势，不得不让我们考虑到这个问题，我们要考虑的是10万大军的问题！你……你听懂了没有？”

公判大会是在小镇外的一块平地上举行的。

战士们一排排整齐地站着，纹丝不动，队伍里时不时的传来轻轻的抽泣声。

场外，满满的站了一圈的是群众。

场内，只听得见台上说话人的声音，此外，连一枚针落地的声音也听得见。

正当李达参谋长将要宣读处决命令的当儿，场外一声大叫：“刀下留人！”踉踉跄跄跑进来的是店老板。

他声泪俱下地说：“首长啊，这事怨不得这位连长，都是我耳朵皮软不顾店，逃上了山。早知你们军队的军纪这么好，我是死也不会上山去的。我留在店里，就不会出这样的事情了。千怪万怪，都怪我该死啊！你们千万千万不要枪毙他啊！”

一位上了年纪的老太太连走带爬地来到台下，一把拉住主持公判大会的野战军副政委张际春同志的手，哭着苦苦哀求说：

“……几丈花布，几把粉丝……这算得了什么啊？怎么可以为了这么一点小事枪毙这样的好人啊？”

她颤巍巍地“噗通”一声跪了下来：“我求求……求求你们，我代表乡亲们求求你们……不能枪毙他啊！”

张际春同志也被这个场面感动了。他再一次进去向司令员和政委汇报场上的情景。

两人正默默地坐在屋里抽闷烟，听了张际春同志的汇报，半天没说什么，最后还是邓政委说了：“这一切，我都理解。但是，犯了军纪不执行，以后怎么办呢？”

他挥挥手，让张际春同志按军纪办事。

枪声响了，只听司令员痛苦地在喃喃自语：“我作孽啊。我干嘛喜欢吃什么粉丝汤啊！”

外交官何凤山

2000年10月23日，以色列政府正式向何凤山授予“义人奖”。

这是以色列政府向非犹太人授予的最高奖项。

何凤山何许人也？他凭什么能得到这一大奖？

何凤山是中国人，现在已经过世了。小的时候很穷，他妈没钱供他读书，就让他进了教会学校，因成绩优秀出国留学。1935年，因为他懂英、德两国语言、又有高学历而当上了国民党时候的外交官，后在奥地利担任总领事一职。这年，他37岁。

1938年，当时世界形势一片黑暗，德国已在战争狂人希特勒的统治之下，吞并了奥地利。

希特勒有个十恶不赦的计划：他要消灭世界上所有犹太人，他说世界上最坏的是犹太人，一定得从肉体上消灭他们。所以，只要是他的铁蹄所到之处，犹太人就会一批又一批地被枪杀、被活埋、被送进毒气室……犹太人对希特勒谈虎色变，纷纷逃离欧洲。

一天，身为中国驻奥地利总领事的何凤山，正在总领事馆的窗口阴郁地看着外面乱糟糟的一片，也不知如何是好。

突然，他看见一个衣衫单薄的小姑娘，可怜巴巴地跑到领事馆门口，不知在向门口的卫兵说些什么，那个卫兵显然没有答应她，那小姑娘哭着，转过身去，准备走了。

何凤山提高声音问道：“慢着，你刚才与那个小姑娘说什么来着？”

那卫兵说：“报告领事先生，她问我们中国领事馆能不能为她们一家人办去中国的签证。”

“你怎么回答？”

“我说不能，先生。”

何凤山“啊”了一声，一跃而起，追了出去，叫住那个小姑娘：“姑娘，请你等一等。我是这里的总领事，你有什么事？”

那边哭边走的小姑娘约莫15岁，一脸的憔悴，人在瑟瑟发抖。

她听见何凤山的叫声，又走了回来，左右一看，然后靠近何凤仙的身边，哀求道：“请先生救救我们。我们一家都是犹太人，现在，现在……”

她的眼泪“唰”的一下流了出来：“我……我已经跑了34个大使馆和领事馆了，他们……他们都不肯……那个德国人，已经动手在杀人了。我家里的人都把希望寄托在我的身上……先生，我求求你了……”

一股辛酸油然而生，人道主义、职业道德、怜悯之心……在何凤山的思想中交织了有一分钟。

“你进来。”他和蔼地说，拉起她的小手，将她带进了领事馆。“告诉我，你们家一共有几个人？你们到上海去好不好？中国的上海，很大的。”

小姑娘喜出望外，她忘记了感谢，甚至有点不相信自己的耳朵：“是的，是的，哪里都好，只要能离开奥地利。”

15分钟后，她顺利地拿到了去上海的签证。

她喜极而泣，拉住了何凤山的手又失声痛哭起来。

“快去吧，快去将这消息报告你的家人！”何凤山轻轻推着她。

送走了小姑娘，他对卫兵说：“以后有申请签证的犹太人来，请你放他们进来吧。”

“是，先生，”卫兵说，“不过，先生，我们会不会有麻烦？”

“有麻烦有我，你不必费心。”何凤山有点生气地说。

小姑娘轻轻松松地领到了去上海的签证的消息，像风一般在维也纳迅速传开。中国领事馆门庭若市，具体的数字已经无法考证，大约5个月的时间，在何凤山的手里，发出了1900个签证，途中去别地的人不说，光来上海的犹太人就有8千之多。

何凤山肩负压力，救出了这么多犹太人。

一天，他正忙着，电话中一位犹太女人在呼喊："何凤山先生，麻烦您快快过来一趟，德国军人不承认您发的签证，他们已经将我的丈夫抓走了！"

"快告诉我，你们住在什么地方！"

何凤山心急火燎地赶到那里，啊，那是横行霸道的德国盖世太保在阻挠他们出境。

"你们放人！我可以证明，他确实已经领到了去上海的签证！"何凤山大声地说。

"他妈的，你是什么人，敢来管我们的闲事？你不想活了？"有个盖世太保甚至拿出了手枪，对准了何凤山。

何凤山不慌不忙地取出了自己的外交官身份证明。他有外交豁免权。

盖世太保看了他的证件，只好悻悻地放了人。

类似的事，何凤山不知做了多少。他是一个谦逊的人，平日并不向别人谈起他所做的好事，包括自己的亲人。

65年后给他的荣誉，原是他应得的，所有的中国人都为自己有这么一个品德高尚的同胞而自豪。

梅兰芳学艺

京剧艺术大师梅兰芳先生，出生在泰州一个梨园世家。他的祖辈父辈，都是名噪一时的演员。梅兰芳长到十三四岁时，家人见他眉清目秀，便把他送进戏班子，让他承继家传，学唱京剧旦角。

愿望良好，一开始却常常不能尽如人意。只学了半年，师傅就对梅兰芳失去了信心。师傅发觉，他的眼神呆滞，简直像一对“死鱼眼”。人也呆头呆脑，哪像个演戏的？以后，师傅逢人便感慨：“他家的灵气，都让祖宗们吸光了，指望这样的后代，实在难。”

其实，梅兰芳真的喜欢演戏，也想像老祖宗那样，成为一个名角。师傅的话深深刺痛了他，却说的是实情。他没有生气，也不肯就此放弃。他知道，在学戏的道路上，自己应该花更多功夫，才能脱颖而出。

梅兰芳听师傅的话，辛苦地练自己的眼神。他站在屋子中央，转动双眼，从一个角落，顺次序去瞧另外三个屋角。开始的时候，眼珠子转得慢极了，只练了几个来回，便酸酸的直流眼泪。

梅兰芳知道，一双灵活的眼睛，对旦角是多么重要。过不了这一关，就只能去跑龙套。他努力坚持训练，眼珠子慢慢灵活起来，眼睛也开始变得有了精神。他下了旁人想象不到的工夫，那对“死鱼眼”终于变得顾盼自如、奕奕有神了。

接着，他用同样的毅力练习唱、念、身段、舞蹈，又学了许多段子，排了新编的剧目。梅兰芳终于在年轻一代演员中崭露头角，成了著名的四大名旦之一。

从此以后，每当梅兰芳在戏院里挂起牌来，台底下便挤满了他的戏迷。他的扮相、他的唱腔、他的身段，都让戏迷们倾倒，一曲歌罢，台下立刻掌声雷动。好些忠心的戏迷，竟然跟着他跑码头，捧他的场子。

有一次，梅兰芳到北京演出。京剧的这块根据地的戏迷们轰动起来，戏院爆满，报纸连日出专栏，气氛热烈。其中有一场，梅兰芳在台上演了一大串的舞蹈身段，他气不喘，脸不红，立即引来了震耳的喝彩声，戏迷们嗡嗡地议论起来，觉得让他演压轴戏，真是再恰当不过了。

就在这时，戏院的一个角落里，突然传出极不协调的喝倒彩声，嘘嘘的声音激怒了大部分观众，人们回过头去，朝着那边，也发出嘘嘘的警告，剧院里发生了往日不常见的骚动，真让戏迷们扫兴。

压轴戏一唱完，梅兰芳还没来得及卸妆，就听说台下有事。他立刻走下台来，看到一群戏迷正围着一位老先生，跟他理论。两三个年轻人居然撸起衣袖，伸出拳头，要去教训那位喝倒彩的老先生。

梅兰芳急忙上前解围，把老人请到后台。看到那老先生还是一脸的悻悻，便让自己的洋车送老先生去自己的家，他也匆匆卸了妆，回家向老先生赔不是。

回到家中，梅兰芳请老先生在客堂中坐定，按照戏班子的规矩，沏好一杯茶，恭恭敬敬用双手捧着，端给老先生喝。看到老先生脸色平缓下来，才在一旁坐下，诚恳地赔不是，再向他讨教，了解自己的戏究竟有什么破绽。

老先生看到梅兰芳这么谦恭有礼，也平息了心头的不满。他喝了口茶，对梅兰芳说："其实梅先生演得非常出色，只是在身段上还欠推敲。你边唱边做的那一段，有上楼和下楼的动作。我当时数了数，你下楼的步子，比上楼少了一步。要是真的走在楼梯上，梅先生非跌一跤不可。"

话说出口，老先生跟梅兰芳一起大笑起来。梅兰芳立刻承认，自己确实太疏忽，根本没去数下楼该出几步，可见艺无止境，要不是老先生提醒，以后还不知道要跌多少个跟头呢。当着老先生的面，他又把刚才那套动作做了一遍，这一回特意数清了上楼下楼的步数。

送走老先生，梅兰芳感叹，他说："能指出我缺点的，才是我最好的老师，才是我最忠实的观众"。

艺术大师和老农夫

美术大师徐悲鸿到法国巴黎学习了西洋绘画。留学后，他大开眼界，对绘画理论的理解更加深刻了。他认为,中国画应该吸收西方绘画的优点，结合传统的创作技法，克服那些不科学的短处，建立起新的中国画流派。

徐悲鸿开始提倡写生、素描，他身体力行，创作了一批新国画，常常到各地展览，每次展览，他总要去发表演讲，宣传自己的理论观点。

有一次，徐大师带着展品来到江南名城宜兴展出。宜兴是文化昌明之地，徐大师的展览立即吸引了许多文人，连目不识丁的种田人，也会到展览馆里逛一逛。展览馆人头攒动，热闹异常。

徐悲鸿先生高兴极了，亲自到现场介绍展出的画。谈起绘画，徐先生滔滔不绝。他先说了中国画悠久的历史，肯定了一批珍品、精品。然后一转话题，谈起了中国画存在的问题。

徐悲鸿先生认为，中国传统画画面不分远近，不注意透视；画的东西大小不成比例，给人谎谬的感觉；对称的东西往往没有表达出来，太过怪异，有的工笔画，居然把远处山头上每棵草都画了出来，叫人看了哭笑不得。

接着，徐悲鸿介绍了西方的画技，提倡画家要多写生，多练素描，认真地观察生活，理性地反映现实，开创中国新派国画。然后，他客气地请在场诸位对自己的作品提出意见。

来参观的文化人及大师的崇拜者听了，纷纷鼓掌，徐大师讲话完毕，一群人立刻拥上前去，围着他，向他请教。另一批人充当大师作品的义务讲解员，向参观的人介绍大师作品的优点和特色。

在一幅名为“写东坡春江水暖诗意”的国画旁，拥着一群参观者，有人正在介绍“春江水暖鸭先知”的诗情画意，说这画正体现出徐先生创作理论的精萃，是全馆作品中上乘之作。听的人一边看，一边纷纷点头。

一位种田的老农夫也钻进人群，在这幅画前仔细看了一会儿，忽然抬起头，大声喊道：“先生，你把鸭子画错了，鸭子的尾巴毛怎么会这样长？”他那在田埂上喊惯的嗓门着实把在场的人都吓了一跳。

在场几位大师的崇拜者立刻指责这位老农夫，说他不懂画画，偏来捣蛋，不知道这正是艺术的美。两三个年轻人还要把这位老农民轰出门去，免得他再胡说八道。

老农夫那声大嗓门，徐悲鸿先生远远地也听见了。他立刻停止跟周围人的交谈，挤着走了过来，拉住老农夫的手，请他说说，鸭子的尾巴毛究竟应该怎样画才对。

老农夫瞪了眼前几个年轻人一眼，回头告诉徐大师：“先生的鸭子是麻褐色的，应该是一只母鸭子。雄的鸭子毛长得漂亮，它们的尾巴毛，或者比较长，也会蜷曲起来。母鸭子的尾巴毛，却总是短短的，哪会有画里的这种模样？”

老农夫是行家，见的鸭子当然比在场所有的人都多，谁也不敢出声说什么，刚才那两个年轻人，也只是侧着脸瞧着徐大师，看大师的眼色。

徐悲鸿听了老农夫的话，又仔细看了看自己的画，然后仰头回忆了一会儿，这才咯地笑了起来，向老农夫一拱手，说：“老兄说得对，我当日写生用的，确实是雄鸭。当时只是贪图它长得漂亮，容易入画，想不到同是鸭子，会有这么大的区别，徐某真是受教了。”

徐悲鸿大师向老农夫深深鞠了一躬，取下那幅画，对大家说：“同是写生，结果也会不同，可见，要画出一幅好画，真不容易啊。要把外国的画法与中国画相结合，更是困难，我们要格外努力才是。”说完，再三向老农夫致意，还一直陪着他看画，直到结束，才跟他握手道别。

慧眼识英才

我国著名的数学家华罗庚，出生在江南小城金坛，虽然他从小对数学就有极高的天赋，却因为无法进入高等学府深造，成年后只能在当地一家杂货店当店员。

华罗庚相信，勤奋是取得成就的根本保证。通过自己勤奋自学，他逐渐步入了数学神圣的殿堂。1930年在当时的《科学杂志》上发表了一篇颇有见地的论文。但是，他没有炫人的学历，没有深厚的背景，谁也不相信，这篇论文会出自乡间一位普通青年人之手。

幸好他的这篇论文被当时的大数学家熊庆来教授看到了。熊教授立即看出，论文的作者是位前途不可限量的英才。熊教授立即打听这位青年的下落。他得知，华罗庚居然是乡村小店员，还身负残疾，完全靠自学取得了这般成绩。在他心头不由得升起一股爱才和敬佩之意。决不能让这样的人才埋没，必须把华罗庚接到清华大学来，让他有更广阔的发展前途。

熊教授想方设法，终于把华罗庚招进了清华大学数学系，不过，华罗庚只能在那里当一名普通的工作人员，干一些杂务。当然，有这样一个好机会，靠近数学殿堂的大门，华罗庚已经心满意足了。他学习更加勤奋了。

从此以后，数学系办公室里，经常会出现这种情况：年老的熊教授用笔敲着自己的脑袋，对一道难题百思不解时，他会站起身来，敲敲大门，招呼正在忙自己工作的华罗庚："小华，你来一下，看看这问题该如何解决。"于是，华罗庚便立即放下手里的活，走进办公室去，跟老教授一同解那道难题。一老一少相得益彰，问题常常便这样迎刃而解。

在这样的环境熏陶下，华罗庚迅速成长起来。他先后出版了几本数学专著，还以访问学者的身份赴外国游学，终于成为世界著名的学者，中国数学界的泰斗。中华人民共和国成立后，他回国担任了数学研究所的所长。

无独有偶。跟华罗庚相似的故事，几十年后又在数学研究所重现。五十年代，福建一所中学里，分配来一名师范院校的毕业生，他叫陈景润，研究的是数论。他沉默寡言，不会讲课，中学数学教师当不成，学校就让他到图书馆当了管理员。

在书海徜徉一段时间后，陈景润终于找回了自己。他接连在专业杂志上发表有真知灼见的文章，还大胆地向华罗庚教授写信，陈述自己的看法，就华罗庚教授的著作进行探讨，显现出初生牛犊咄咄的生气。

他的信终于放到了华罗庚教授的办公桌上，华老立刻对他产生了浓厚的兴趣。一位真正的学者，他想看到的，就是对科学的执着追求，只有这样，才能打破万马齐喑的局面，把学术研究推向前进。

华罗庚力排众议，亲自过问，把陈景润调到了北京，让他在数学研究所专攻数论。从此，陈景润可以在比较优越的环境里完成对科学顶峰的攀登。

数论的研究十分枯燥乏味，但陈景润从来没忘记人民的重托，恩师的教诲。他住在九平方米的陋室，终于得出了陈氏定理，把破解著名的哥德巴赫猜想的研究推进了一大步，取得了全世界为之瞩目的成果，把中国的数论研究带到了世界的先进行列。

人类的文明科学的历程，是一场永无休止的接力赛，需要一代又一代的英才，接过接力棒，再传递下去。从熊庆来到华罗庚，从华罗庚到陈景润，我们足可傲视全球的数学理论研究，就是这样得到了继承，并一步步地发扬光大。

人们说，真正的人才就像颗珍珠，放到哪里都会闪闪发光。但是，珍珠也有跌入黑暗的时候，珍珠也会蒙上灰尘。这时候，就需要有人去发现它，并轻轻擦拭掉它身上的灰尘。这就是人们常说的千里马要有伯乐相识。而且，要做这伯乐，还要有识马的慧眼，更要有一颗无私坦荡的心。就像熊庆来、华罗庚，他们为了数学事业，发现蒙尘的珍珠，并让它熠熠生辉。

不怕死的行长

天气已经很冷，寒风吹过松辽平原，吹落了树头的叶；行人们外出，也总是匆匆忙忙地奔到目的地，办完事又匆匆回家去，不愿意呆在室外。

九台市支行的营业大厅，却人流如潮，提款的，存储的此进彼出，一点没有因为天冷而冷落半分，各个柜台的工作人员，也个个满脸笑意，尽职尽力，使大厅增添了更多的温暖。

就在这深秋的一天，一个胆大妄为的歹徒，策划了一起单身抢劫银行行长室的罪恶勾当。这个被西方恐怖片染黑了脑袋、自诩智商第一的家伙，便是刚从监狱出来的亡命之徒王林。

王林的左手里，提着一只可以双肩背的帆布包，包是空的，准备装抢来的钞票，他的腰里别着一支手枪，左胸的拉链兜里，准备了一封恐吓信，还藏着一枚两寸多长的钢针，钢针通体发黄，不知涂了什么。上午10点不到，他若无其事步上二楼，来到行长室门口。他左右看了一番，整个走廊里空无一人。于是，他伸出右手，在行长室门上轻轻敲了两下。

听到敲门声，房间里有人喊了声："请进！"王林一声冷笑，推开那扇房门，一声不吭地跨了进去。

门"嘭"的一声关上了，行长抬起头来，吃惊地看到进来一位满脸阴森的人。只见那人的右手往腰间一掏，一支乌黑的手枪便对准了自己的脑袋。那人一步步走近桌子，把左手的帆布包往桌上一扔，伸手从左胸兜里掏出一封信，掷到行长面前，左手里，又出现了那枚两寸多长的钢针。他轻蔑地朝行长笑了笑，看着行长读那封信。

王林作案的步骤可谓环环相扣。进了行长室，他连一句话也不用说，那信上早写好，命令行长回身打开保险箱，把所有的款子都放进帆布包，然后他就动手把行长捆起来，背上帆布包，悠悠然走出门去。保险箱里通常总会有几十万元的现金，这一点他早打听清楚了。

如果行长不答应，他在信里写清楚了，他手里那枚钢针涂满了最毒的蛇毒，只要往前一刺，行长就会中毒。假如要解药，还是得打开保险箱用里面的钱换，到时候吃亏的就是行长本人了。在王林的计划里，这种情况是不大可能出现的，现今当领导的，比一般人都怕死，所以那二寸长的钢针，只不过用烟火熏黄了而已。

不料行长只瞟了那封信一眼，立即挺身站了起来，大有跟王林决一死战的架势。这一下，王林的一厢情愿完全变成错打的算盘。惊慌之中，一个念头闪现在这歹徒脑子里："毒针"是虚招，可手里的枪可不假。看来今天搞钱的希望不大了，只能开一枪震住这不怕死的行长，至少能乘乱逃离现场。

枪响了，一来是王林已经慌得手都抖了，二来是行长往右躲闪了一下，枪弹只擦破了行长的头皮，血从行长头上淌下来。

让王林感到更加不可思议的是，行长像受了伤的雄狮一样，满面鲜血直扑过来。极度恐慌的歹徒抢劫的恶念已荡然无存，强烈的逃跑意识占据了他大脑的每一个角落。他的手一松，枪落到地上。他顾不得拿包，回头夺门而出，"乒乒乓乓"一阵脚步声响过，他跌跌撞撞奔下了楼梯，直往大门冲去……

枪声就是警报，全行的职工和保安人员立即行动起来。离大门最近的一位保安一眼看到了慌张出逃的王林，便大吼一声，猛地追了上去。早已吓得迷迷糊糊的王林，双脚提也提不起来，还没跑出大门，便被身后的保安人员扑倒在地上。他还没来得及挣扎，人们便一拥而上，把他擒住。待他抬起头看到刚才扑向自己的那位保安，不禁大吃一惊，那位保安比他至少大 15 岁，还长着一个将军肚，在平日两个这样的保安也不是自己的对手，这一次是被行长吓慌了。

王林又一次进了铁窗，这一次等候他的将是法律严厉的制裁。当记者问到他这次作案失败的原因时，这位依旧卖弄自己“智商”的歹徒说，最主要的原因是自己判断失误，他看错了忠于职守、敢用生命保卫国家财产的行长，这是个不怕死的行长。

危险的马钱子

老字号药店“同仁堂”地处闹市口。这天来了一位操着江西口音的客人，在药工李关保负责的柜台前，他要求按处方购买中药，其中一味马钱子 120 克（6 克 ×20）。

李关保看了一眼药方，这是市第三医院中医部开出来的药方，这家医院的处方很有权威，不会有什么问题，但是熟悉的“马钱子”几个字告诉他，这药有毒。

“我的记忆中，马钱子是有毒的，不能一下子吃得太多，您这处方上……”他对顾客说。

“没事，我们常吃这么多，这是治重风湿痹痛的。处方是医生按照我的要求开的。他说没事儿。”这位江西人若无其事地说，口气很不在乎。

既然顾客这么说，处方又是有名的医生开的，他一个小小的抓药的药工，压根儿没他的事，再说，也许是他记忆有误吧。于是，他就将这药卖给了他。

现在，在这位江西人走后的 20 分钟后，他越想越不对头，越想越觉得没有把握。于是，李关保请了一会儿假，到后堂找了份“药典”，仔细翻阅了一会。

找到了“马钱子”这一味，下面是这样写的：

马钱子，常绿乔木，高 10-13 米，叶对生，革质……种子极毒，主要含有马钱子碱等成分。性寒，味苦，用微量，消肿止痛，主治痹咽痛以及风湿痹痛等症，一般一次 1-2 克，2 克以上就会使人中毒，超出一倍，能致人死亡。

“天啊，我们出售的马钱子，正是它的种子，极毒，3 克以上就会让人中毒。超出一倍，能致人死亡。而这个人吃的不是3克，正是6克！这不会要了他的命吗？”李关保顿时急出一头大汗。

他飞一般跑回到药堂，三言两语向经理说了这事，然后三步并作两步地赶出来。不，靠两条腿是不顶用了，他伸手拦了辆出租车。

当出租车跑遍附近几家医院时，他开始绝望了。他的印象中，这人还得上医院去见一个什么人。

猛地，他想起了110。对，只好靠它了。

他跳下出租车，冲锋一样地冲进了电话亭：“你是110吗？对不起，我是同仁堂药店的营业员李关保，刚才一位江西人来买药，将120克马钱子买了去，他将按每天6克的量吃，而药典上说，谁一口气吃上6克，谁就得送命。我已跑了许多医院，找不到他，只要麻烦你们了。请你们无论如何帮帮忙！”

“放心，我们一定找到这位客人，现在请你将他的特征告诉我们！你本人就留在药店里，以便我们随时与你联系！”

巡逻车鸣叫着出动了。路上还打着电话：各车站、码头、交通要道，务请帮助寻找一位买有马钱子的江西旅客，特征是……

110果然神通广大，两个小时后，人们在火车站找到了这位被当地人们上天入地寻找的江西客人。

他正在火车站候车室的抽烟室里悠哉悠哉地抽烟，并不知道人们在为他的事而奔忙。

当110的警察找到他的时候，他一脸的茫然：“有事吗？——哦，原来为了这事。真的是6克就要死人？也许是我记错了吧？真谢谢你们。你们是让我外公再活了一次。想起来，真吓人！都怪我粗心大意！”

他对民警深表感谢。

“别谢我们，这是那位同仁堂的药工要求我们来找你的。没有他的责任心，你外公怕难逃这一劫了。”

山村教师

多年前，齐鲁大地还是一块只榨得出苦水的地方。它的西南山区，更加偏僻穷困，人们劳累终日，连一个起码的温饱也混不上。解放后那十几年里，许多村子虽说也建立了小学，但孩子们在破旧的教室里识了几个字以后，仍然像他们的父辈一样，回到面朝山背朝天的苦日子。姜村，就是这样一个座落在山坡坡上的小村子。

二十多年前，姜村人还处在因为要建梯田，改山换水而吃尽苦头的时候，村里的小学来了一位老教师。他瘦瘦的脸庞，花白的鬓角，细细的双眼，要不是架了副眼镜，谁也不会认为他跟画上的算命先生有什么区别。

没过多久，村里的人都隐隐约约知道了先生的来历，他是个右派，挨过斗，离了婚，又远远地下放到这个穷乡僻壤来。那时候，阶级斗争抓得凶，一不小心就要被割尾巴，村里人虽然同情老先生的遭遇，却也不敢去招惹是非。

过了半年，村子里又悄悄传出一条新闻，说那老先生不只是像，竟然真的是能掐会算的算命先生。孩子们都回家说，他给自己都算过命，说哪个孩子今后一定会成为数学家，谁谁一定会当作家，又有谁只要能读上大学，准跟钱学森一样有出息。

几个老人把老先生算的命一核计，觉得他的话确实有点道理。说能成为数学家的孩子，平日里算起账来，比村里的会计还准；那个会成作家的孩子，讲起故事来有声有色；至于未来的钱学森，本来就是村子里心灵手巧的尖子，干起活来决不输给任何一个大人。

等到农历年刚过，村里的人又发现，那些被老先生算过命的孩子，一个个变了，变得十分懂事，学习成绩又好。未来的数学家，对数学倍感兴趣；未来的作家，这文章写得出类拔萃，还能登到县里的报纸上；那位“钱学森”经常替他当木匠的爸爸改良一些木工用的小玩意儿，连当老子的也忍不住吃惊。

不仅如此，那些孩子不再像以前那样满山坡打滚，也用不着父母拎着耳朵教训，问起来，孩子们都说，把时间花在玩上，哪一天才能当数学家、作家？有空闲不如多看点书，将来才能考上大学。

老人们觉得姜村的风水变了，山窝窝里兴许能蹦出几个文曲星来。所以当孩子们想到县里去读中学时，他们一律帮着孩子劝他们父母，千万别小家子气，花点钱让孩子读大学去，才对得起祖宗。

就这样，五六年过去了，山外边的情况变了，山里边的日子也越过越好。有些人甚至先富了起来。去县里上中学的孩子也能考大学了，那些孩子居然都以优异成绩考进了大学。这以后，有的还考上了硕士，当了博士。姜村于是在远近几十里出了名，到后来，因为出的大学生多，姜村被外人称为“大学村”。只要提起“大学村”来，县里无人不晓，原来的村名倒被许多人遗忘了。

姜村为什么会变成大学村的呢？这个秘密直到老先生退休时，他才传授给了接任的老师。老先生给孩子“算命”，是提高家长和教师对孩子们的期望值，让孩子们坚信自己会成为杰出的人才。有了这个信念，他们一定会沿着成才的道路前进。老先生告诉自己的继任者：千万不能把这个秘密告诉村里任何一个人。

其实，那些考上了大学的孩子，打从踏进大学那一刻起，便恍然大悟，懂得了老先生的良苦用心。但是，他们也知道，为了自己家乡的弟弟妹妹们能沿着自己走过的道路前进，应该自觉地严守这个秘密。

大学村的老师们依然给一级又一级的孩子“算命”，一个又一个的杰出人才继续从大学村里走出来，走进一座一座大学的校门。

特殊的护士

这是一个特殊的天地，几十名精神病人在这里接受治疗，整个病区，充满着怪异、错乱的行为，甚至是不可理解的疯狂。

医生护士们的办公室在二楼，楼下是病区。沿着楼梯上二楼的时候，你常常会看到，楼梯半腰的那个气窗开着。从粗粗的铁栅栏后面，会伸出一只手来。那恐怕是一位精神病患者，正站在病房里面，踮着脚尖，想从小小的气窗栅栏里掏到什么臆想中的珍宝。

办公室里的窗户上，装有铁栅栏和铁丝编的网，从窗户向楼下看，就会看到无论如何想象不出的怪诞景象：一位四十好几的“老汉”，背着一只红色的口袋，一边唱着历史上风行一时的颂歌，不停地跳着永不改变的舞蹈，他还停留在20多年前；一位衣衫褴褛、落魄不堪的年轻人，正卖力地把从裤腿上扯下的一块布，用唾沫贴到胸前去，他的背上，搭拉着好几只像口袋一样的东西，他正做着登上“丐帮”帮主宝座的美梦……

病情严重的住在三楼，那里传来凄厉的叫声，准是哪位有疯狂行为的病人又发病了，男护士们只得把他牢牢绑在病床上，免得他破坏了周围的一切，伤着了人。然后用理疗或者大剂量药物让他镇静下来。

造成这一切疯狂现象的，是病人。他们需要治疗，治疗过程中，更需要细心的护理。于是，一群甘愿牺牲的医务工作者，把帮助和治疗这些病人当作了自己的职业，他们的心完全扑在了这些失去理智的病人身上。

在这支队伍中，有位护士叫张瑜，人长得很漂亮，好多人都说她当演员很合适，怎么来干这种麻烦的职业？但是，她听了只是一笑，依然去给神志不清的病人服务。

大麻烦终于发生在这位小护士身上。这天轮到张瑜值班，到晚上9

点左右，一同值班的护士去三楼查病房了，那里有两位狂躁型病人正在作紧急处理，二楼办公室里就剩下张瑜一个人。

这种情况本来也是正常的，因为办公室跟病区之间，有两道防盗门，办公室的窗户也都是双层保险，就连通往楼梯的大门，也是非钥匙开不了的，何况楼梯下面的大门，也有防卫措施。

没料到，住在二楼轻病区的一位病人，突然发起病来，这是位狂想型病员，他在办公室外的走道里兜来兜去转了几十个圈子，突然发现办公室的门居然没锁牢。他抓住防盗门的铁栅使劲一摇，居然打开了。这位病情发作的病员，立刻露出一丝奇怪的笑容，轻轻地，像只猫一样进了办公室。

等张瑜发觉异状，正要按警铃，病人已经像猛虎一样扑上前来，把张瑜打昏过去，将她绑了起来，把她的钥匙掏走，闯出办公室，走下楼梯。

张瑜很快醒了过来，看到病人已经开了办公室的大门，正在楼梯边的防盗门边忙碌着，他一下子找不到合适的钥匙。

张瑜立刻挣扎着站了起来，挣脱了绑得不紧的绳索，按响了警报，并冲向办公室大门。

办公室大门已被锁上，要出去拦截病人，必须打开这道门。张瑜用肩膀拼命撞大门，门上的玻璃乒乓一下被打破，把正在开门的病员吓了一大跳，吓得他再也不敢动手开门了。

这时候，男护士们闻讯赶来，迅速处理了事故，病员被带上三楼。事情过去了，小护士也只是揉一揉头上和肩上疼痛的地方，就算了事。

除了处理这种让人委屈的事故，像张瑜这样的小护士还要经历更多的麻烦，她们要给病人理发、洗衣，还要经常给他们洗澡，那就非得好几个人一起动手不可了。

工作在精神病区，张瑜他们就知道这些麻烦是无论如何避免不了的。既然选择了这个职业，就得把工作做好。把病人料理好，是他们最大的心愿。

清洁工洁身自好

中学一年级教师唐老师，这两天像吃了蜜糖，直甜到心里。这次教师住宅完工，学校分配了3套中户。按理说，教龄比他长的高级教师，没有分到新房的人，还有四五位，这新屋无论如何轮不到他住。但是，学校考虑到他这两年替学校作了很大贡献，特地将一套房子评给了他。他只要付上10万元钱，就能够领来房子的钥匙。工作了十几年，他总算有了一个温暖的家。

按规定的日子，他取出了自己所有的钱，去缴纳房款。他把钱放在一只旧信封里，旧信封又放在一只旧的小包中，小包的中间，放上几千元准备去付买装修材料的款子，而那只旧信封，却跟一叠考试卷混在一块，垫在旧的小包的底部。俗话说，有财不露，这样一伪装，他放心多了。

唐老师匆匆上了公共汽车，他把装着那只破旧小包的公文包扣在自己胳膊上，紧紧贴在身边。正好是行车的高峰期，车上的人很挤，上车下车，他一概不去理会，只注意贴在身上的公文包。

到缴费地点了，他紧一紧公文包，硬挤着下了车，这才把手臂上的公文包摘下来，拎在手里。包刚提起，唐老师立刻觉得不对，包怎么变得这么轻了？

等他把公文包往近视眼镜前一凑，人顿时就变傻了。他那只公文包，沿着外侧的那拉链，齐齐地张了一张大嘴，课本，另外几本参考书都在，独独少了那只不起眼的小包。

唐老师双腿一软，不由自主地蹲在了人行道上。完了，一生的积蓄，房款和装修费，接近11万元巨款，一下子被小偷扒了去。车上的人太挤了，什么时候被划破了包，小偷又是什么时候下车的，他一点印象也没有。

恐怕不仅是他，整车的人也无人知道。他真后悔，出门的时候妻子劝他打个车，而他为了省那一点点钱，把所有的钱都奉送给了小偷。

唐老师足足在路边蹲了10分钟，才站起身来，拖着沉重的脚步往马路对面走去。还好公交月票放在胸口里侧的兜里，他又上了车。他倚在售票员座位旁边，也不知道过了多少站，直到车子里人渐渐少了，售票员劝他找个座，他才惊觉过来。家和学校的站早过去了。有生以来，他是第一次这么失态。

下了车，又到对面上了车，唐老师这才稍稍清醒过来。他要先回学校去，向领导汇报这桩灾祸，再去附近公安部门报个案。直接回家，面对满怀欣喜的妻子，他实在没有这样的勇气。

来到学校门口，办公室的老张已在门口等着他了。老张见面就向他道喜，弄得他满头雾水。哎，还在恭喜自己得了新房？真叫他满肚子的苦水不知如何倾倒。老张却拍着他肩膀："别急，派出所刚才来了电话，说你丢的钱，有人送到他们那儿，看到包里有我们学校的考卷，是你教的那个班的，要你去认领。我等你好半天了，我陪你一块儿去。"

听到这一席话，唐老师真如同梦中一般，他立即跟老张一同往打电话来的派出所奔去。

进了派出所的办公室，照例由老张代表学校说了几句感谢的话。民警立即跟唐老师核对了包里的东西。一场对话结束，民警便从柜里取出了那只旧包，让唐老师点收。

民警说："你说的装修用的几千元钱，小偷已经掏了去，你报个案，我们继续破案。幸亏你把大笔款子夹在考卷里，才留了下来。老张刚才说你马上要去缴房款，你办个手续先把钱领了去。"说完，指着坐在一旁的一位中年汉子："这位就是拾金不昧的唐师傅，你得好好谢谢他。"

唐师傅穿着一套工作服，上面有环卫保洁公司的标记，他操着一口外地话，介绍了他捡包的经过。

他上午到地段上清理垃圾，在一个小弄子里的垃圾堆上捡着了这只包。包的拉链已经扯开，露出了里面的试卷。唐师傅看这是学校老师的东西，打算整理好送到学校，不料在整理过程中发现了巨款，这才送到派出所来。

唐老师一把抓住唐师傅的双手，感谢他替自己捡回了一生的积蓄。唐师傅却摇摇头说：“你姓唐我也姓唐，一笔写不出两个唐字。我们清洁工人虽不富，这不义之财却绝对不能沾手。那小偷没找着信封，顺手把包扔进了垃圾箱，下一个坏蛋就不一定会扔了。唐老师，你还要小心些。”

唐老师激动得说不出话，只是一个劲儿地点着头。

青春无怨

从兰州出发，走青海，进西藏，就来到了青藏铁路的建设路线上。所有来过这里的人，只有一个感觉，那就是“太高！太冷！”。就在傲然独立的唐古拉山口石碑那边，却有一群年轻人，正为世界最高的铁路奉献着自己的青春。杜侃就是他们中间的一位，他是两年前来到勘测队的。

两年前，他是西南交大的高材生，一毕业就来到了高原。尽管他是个身体强壮的小伙子，一般的困难奈何不了他，可是，唐古拉山还是给了他一个下马威。这里，氧气量不足内地的三分之一，冬天，零下三四十度的严寒是寻常事,晚上睡在帐篷里,戴在头上御寒的皮帽子“薄”得像张纸，挂在绳子上的毛巾到早上冻成了冰条。极度的寒冷让人的毛细血管也扩张起来，一碰就出血，一出血就冻住了。缺氧让队伍减员，一连半个月，杜侃胸闷、气短、头昏、恶心，他咬咬牙，挺了下来，没被汽车送回大本营去，留在了这“生命的禁区”。

这里是冻土区，对冻土层的勘测必须在冬季进行。他们必须付出在内地数倍的努力，才能完成任务。每天早上 6 点，天刚蒙蒙亮，他们就扛着几十斤重的仪器步行几十公里来到勘测区。晚上 9 点,顶着满天星辰，他们才能回到宿营地，来不及歇口气，又要赶着统计一天收集到的数据，把它们输入到计算机里。这一个冬天，杜侃他们仅仅用了二十多天，就收集到 600 组勘测数据，这么多的数据，在内地要花上 3 个月，他们是用自己的青春，谱写高原上最壮丽的乐章。

一个月过去了，预定的任务已经提前完成。杜侃他们把计算机里的数据绘成图纸，要派人送回大本营。杜侃骑上马，飞奔在回大本营的路上。

天很快黑了，杜侃觉得自己好像迷了路。在这样的地方，是绝对不能单独过夜的，他凭着天上的星星，找准了方向，飞快地朝目的地奔去。但愿能够在更短的时间内，找到公路，沿着公路，至少可以找到一个兵站，或者可以歇脚的地方。

突然，几点奇怪的光亮在前边闪动，忽左忽右。杜侃心里升起一个可怕的字眼：狼！无人区常常有野生动物出现，他听说过，附近一个钻井，两个钻探工被一群狼赶到井顶，敲了一夜的钻杆，才驱走了狼群。

野兽是惧怕火光的，杜侃想到了唯一的办法，就是点起火来，它们就不敢接近。他下了马，取出一只打火机，点起来。可是，火苗太小了，根本无法驱赶那些狼。他把工作服撕下一片，点燃起来，再骑上马，像举着火把的战士，继续前进。

工作服一片片撕下来，裤子也被撕成一片一片，火苗是不小，那些狼却依然跟在身后，不肯散去。突然，他听到了前边的汽车轰鸣声，车灯明晃晃地穿透了高原的夜空，赶走了狼群，他终于得救了。

经历了惊心动魄的那一刻，杜侃更加热爱这一行了。他想，在大学毕业后，自己也可以到城市去工作的，但他选了高原。且不说在这里干上十年八年，将来可以给自己的子孙吹一吹，这世界上最高的铁路，也有我出的一份力。而且这里遇上的任何一项技术问题，自己随便拣一两条，那些专家们准会惊叹不已。路筑好了，自己准也成为一个专家呢。在这里度过青春年华，实在值得。

改 变

一件偶然的相遇，改变了华静的一生。

那是二十世纪九十年代初，华静从高中毕业，却在高考中名落孙山。她家在津口这个水陆交通要道，凭着她的文化水平，或者出外打工，或者在家办个工厂，搞个养殖场，准能舒舒服服过上一辈子。

那一年，华静在村办小学遇上了一对聋哑兄妹，他们正在操场上玩耍。他们的另一个妹妹在唱着歌，穿过操场，进了教室。一旁的华静发现，那对聋哑兄妹，眼中闪烁着泪花，根本不像是孩子的眼神。华静看到了聋哑人心中常人难以觉察的渴望和因为被歧视而产生的仇恨，这种眼神，让华静心头掀起了层层波澜。

华静知道，根据计划生育的政策，生了聋哑孩子，父母可以再生一个健康的孩子。像张海滨和张海霞这对聋哑兄妹，他们父母一连生了三个孩子，才得了个能开口的妹妹，便一心把第三个孩子当作了宝贝疙瘩。前边两个孩子早已不放在心上了，孩子们怎会不怨恨呢？华静还听说，在城里，遇到这种情况，有的父母怕别人知道自己有个哑孩子，竟把孩子关在家里，孩子连阳光都很少见到，一旦到了太阳光下，连路都走不稳，多么凄惨的遭遇哇！

在那一瞬间，华静心头只有一个愿望，就是要让张海滨和张海霞能够听、能够说。她要用自己的努力，抚平孩子心头的创伤，改变他们不幸的命运，让他们回到有声的世界中来，成为一个正常健全的人。

不久，津口镇上就传出一条消息，华家那个丫头，好端端的事儿不干，倒在自己家里办起什么学校，收了几个哑巴，想让铁树开花，哑巴讲话。真是怪事处处有。

其实，华静收下几个孩子，办起私立聋哑康复学校，是经过了一番调查的。张海滨兄妹的爹妈说，孩子生下来原来是好好的，屋里有什么响声他们都听得见，后来生了病打了针，叫什么链霉素的，才突然变成了聋子。第一个孩子很久不会说话，他们还以为这是大贵之象，俗话不是说“大贵语迟”吗？他们后悔的是张海霞居然跟哥哥走上了同一条路，等第三个孩子出生了，他们才明白，什么针也别给孩子打，这才救了三丫头。

华静自费去了大城市，拜访了那里的聋哑儿康复中心。在那儿她知道，因为药物损害致聋致哑的孩子，其实还残存着一点点听觉，如果及早给他们戴上助听器，他们还会恢复听力，像正常孩子一样学会说话。这次拜访，极大地增加了华静的信心，她花了几百元钱给张海滨、张海霞买了两只国产助听器，回到家乡，就收了俩兄妹当学生，正式开办了自己的学校。

张家兄妹戴上老师带回的助听器，突然瞪圆了双眼，不住地朝华静打着手势。他们想不到，一向静得可怕的世界，居然充满着震撼他们心魄的种种声响。听了一会儿，兄妹俩齐齐地哇哇大哭起来。哭完一阵，又一齐指着嘴巴，呀呀地恳求着华静教他们说话。

华静想起了自己读过的书，美国聋人作家海伦，即使没有恢复听力，也能够通过口型和喉头的颤动，掌握常人的语言，张海滨兄妹为什么不能呢？他们毕竟恢复了听力呀。

华静让孩子摸着自己的喉咙，一遍又一遍纠正孩子的口型，教他们开口说话。功夫不负有心人，当两个孩子能够搂着华静的父母，不住地叫着“爷爷”、“奶奶”时，两位原本不同意女儿选择的老人，也忍不住直落泪。呀！原来改变也并不困难，其实很简单呢。

然而，接下来的工作就没有那么简单了。华静在社会的支持下，盖起了自己的康复学校，学生多起来了，困难也就更大了。她的学生，来自八个省。当一对广东农村夫妇，狠狠心把哑孩子扔给华静，拔腿便出了门，之后华静这位姑娘，既当起了老师又当了妈。她要用自己的一片爱心，去温暖由于残疾而冷冻了的小心灵，这是一种急不得、狠不得的事。无论孩子们如何反抗，她都不能骂一声、打一下。孩子们起床不肯洗脸，华静要一个个替他们洗；孩子们拉断了电灯绳，敲坏了门扣，华静要一次次把被毁坏了的设施修好，只有焐热了他们的心，孩子们才会开口说话。

付出爱心，华静收到的并不是鲜花。从她办学那天起，风言风语就始终跟着她。她走到哪里，人们总会喊："瞧，哑巴老师来了。"好几年过去了，二十多岁挺漂亮的姑娘，居然没人上门提亲。华静的心里倒没担这份心，只是急坏了爹妈。

每天，华静依然陪着自己几十名学生，一早做起了舌操，锻炼舌头的灵活性，然后一个个教学生开口说话。整整一天，她总要说得唇干舌燥。

有一天，那对广东夫妇终于放心不下自己的孩子，千里迢迢又来到津口。刚进门，他们的孩子已经认不出自己的父母了，开口喊了声"叔叔、阿姨好！"华静理解这对父母心里的感受，马上告诉孩子："这是你的爸爸、妈妈，快喊！"恢复了记忆的孩子大声喊着，扑进了爸爸、妈妈的怀抱。那对父母禁不住号啕痛哭，一起扑倒在地上。这时候，华静才深深感到，几年前她改变自己的生活是多么值得，要是没有那次改变，哪会有今天这些家庭的彻底改变？

锁匠

爱跟顾师傅开玩笑的人都说，他父母亲给他起的名字只对了一半。顾长锁，一位修锁师傅，他修的锁当然最好，常常锁住；但是，必要的时候，别人打不开的锁，顾师傅一定能打开，那不是该叫常开锁？听了这玩笑话，顾师傅只是笑了笑，回答说："我是独生子，爹妈怕留不住我，要想锁住我不放，这才给我起了这个名字。"

顾师傅确实是名不虚传的修锁师傅。他一生修锁无数，技艺高超。坏了的锁给他一修，立刻完好如新；谁家的锁丢了钥匙，只要找到顾师傅，一定会给你配一把新的；好几次，一些单位的保险箱打不开了，都来找顾师傅，不论是哪一种型号，哪一个国家的产品，顾师傅手到锁开。

人们非常敬重顾师傅，也觉得他越来越老了，他那手绝活，应该传给年轻人，千万别让它失传了。为了方便普通的顾客，这种手艺倒是少不了的。

经过许多人推荐，顾师傅终于收了两个徒弟，小张和小石。起初，两个小年轻几乎像双胞胎，各方面都一样，技术也学得一般好。一两年后，小张终于活泼起来，他一边干活，一边会哼着流行歌曲，跟顾客也十分熟络，老是夸自己的师傅如何如何高明。而小石却依然那么闷着头干活，不多说一句话，这跟他的姓倒是十分般配。

顾师傅对自己的徒弟都很中意，觉得他们难分优劣。手心手背都是肉，该把自己最后一点绝活传给谁呢？两个人都传，就不合自己这一行的规矩，顾师傅必须在两个人中选一个，认他作自己的嫡传徒弟了。

顾师傅准备要对小张和小石作一次考试，然后作出最后决定。这消息传出去，十个熟人里头，倒有七八个倾向小张。有人认为他技术好，一边修锁一边还能说出子丑寅卯来。小石就像铁嘴茶壶，难得听见他吭声。有人认为小张既聪明又灵活，比较符合时代要求，不像小石，纯粹石蛋一枚。那形势倒像举手表决，少数服从多数，顾师傅似乎别无选择。

顾师傅给小张、小石准备了两个保险箱，分别放在两个房间里，让徒弟抽签决定，谁去开其中一个。这场考试还请了一批同行和熟人当见证人。当然，作最后决定的，还是顾长锁自己。

比赛开始了，拥在小张身边的人似乎比另外一间房里多。在众目睽睽下，小张凝神屏息，心无旁骛，只花了十分钟，就打开了保险箱。一阵掌声响过后，他得意地拉开保险箱每一只抽屉，告诉大家，保险箱每一处都已打开，考试结束了。

而在另一间房子里，小石还在忙着。他并不急着立刻打开保险箱，而是对箱体作了细心的检查，认为它没有被破坏过之后，才正式动手。他一共用了三十分钟，保险箱的锁被打开了，他只把箱门拉开一点，便站在保险箱旁，表示任务已经完成。

看过小张开锁，又去看小石开锁的人，没有一个不认为，胜利非小张莫属。单算时间，小张就少用了二十分钟，一个锁匠师傅，用最短的时间开启最难伺候的锁，不正说明他技术精湛吗？

这时候，顾长锁师傅却把小张小石叫到跟前，问他们："你们知道保险箱里有什么？"小张两眼闪出光来，抢着说："有几张保险单，几张存折，下边两个小抽屉，一只装现金，都是百元大钞，一只装的金首饰。"说完，朝围在周围的人笑了笑。

轮到小石了，他却摊开双手，老老实实地回答："我不知道，我没去看，您只要我开锁，我就打开了锁。"在场的人有的皱起了眉头，还有人笑了一声，显然是对小石的回答不满意。

顾长锁对此却显得十分高兴，当即郑重地宣布小石是他的嫡传弟子。他的决定立即招来大家的不解，把疑问的眼光投向顾师傅。

顾师傅解释道："诚实是所有行业的道德标准，对我们锁匠更重要。一个锁匠，应该心中只有锁，两眼只看锁。如果对财物不能视而不见，只要贪念稍起，就会造成恶果，害人又害自己。"

停了停，顾师傅又语重心长地说："当一个锁匠，心头一定要有把锁，这把锁要长存常锁，决不能打开它。这就是我名字的另一种意思。"

好民警

谁都知道，在城市里面，搞居民最基层工作的民警们，是最繁忙的上班族。他们“上管天文地理，下管鸡毛蒜皮”，成天泡在大街小巷里，轻易脱不开身子。除非每天上午8点，你在派出所会议室恭候，不然真难见着他们人影。

可是，你要到南昌西湖区筷子巷派出所去找那位大个子民警邱娥国，这一招也不一定奏效。他常常是一大早就去派出所报个到，立刻一头扎进了自己的管区。你稍稍去迟了，就得沿着他的足迹，去丈量醋巷、箩巷、育婴巷……邱娥国17年来每天都要把那些小街陋巷走上一圈，算一算，他走的路，足足有12万公里，加起来能绕地球3周。

沿着邱娥国走过的路去找他，你一定会在巷口马路边遇上两位老人，他们是南昌79岁的老太太范克菲和从北京迁来的83岁的老先生卢川。这两位老人能在暮年结成伴侣，全靠了邱娥国。想当初，两位老人在北京相识，一场黄昏恋几乎断送在子女们的手中。是邱娥国磨破嘴皮说服了小辈们，从他们手里拿到被藏起来的户口薄，蹬三轮送二老去婚姻登记处，一笔一笔替他们填好登记表格，再送他们回到新居，又在新房门口贴好自己剪的大红喜字。

从此两位老人每天都要在巷口等候匆匆经过的邱娥国，跟他拉扯几句。你要问他们：“老邱哪儿去啦？”卢川老人会用手杖指指深深的小巷告诉你：“他刚过去，就进了这巷子。”

在小巷子里找邱娥国，你会被一位瞎了双眼的中年汉子截住。他一手扶在10岁大的孩子肩上，一手拉住你，非要你听他讲大个子民警的故事。

“老邱是个好人哪！”瞎眼汉子会紧紧拉住你的手，“我出事瞎了双眼，孩子他妈扔下3个人自顾自走了。难怪她，她一个人怎么拉扯得了我们在城里没有户口的爷儿仨！当时，我也不想活了。是老邱安排我们的生活，只用两个月就替我们把户口迁进了城。孩子的户口指标，本来是给老邱83岁的老娘的，可他，让给了我们。”擦了擦干瘪的双眼溢出的泪水，瞎眼汉子又说：“老邱刚从这儿过去，他肯定是去了余婆婆家，我听他说给余婆婆买了两斤油，还说要去替余婆婆劈柴火呢。”

余婆婆常在小院子里晒太阳，听说有人来找邱娥国，她昏花的老眼一下子亮起来，拉着你的手，一定要你看看屋檐下那堆柴火。老邱帮她把柴火劈好，细心地帮她拔掉残留的钉子，码起堆来，这孤身的大娘就一点不用发愁了。余婆婆絮絮地说着：“我老头子过世时，老邱劝我莫哭，叫我放心，他一定照顾我。大个子真是说得到做得到。这不，昨天瞧我往锅里少放了一点油，刚才又给我提了两斤来。我没儿没女，老邱比我儿子还亲。”

“莫嫌我人老话多，”余婆婆笑了笑，又絮絮叨叨接着讲下去，“老邱刚才来过，又到何家去啦。老何的老伴刚去世，他要去帮老何一把。”

看来，老人的谈兴总是那么浓，她又谈起老何家的事来。老何家四个子女都在外地，老两口平日全靠老邱照顾。那一次，老邱把犯了气喘病的何老太送进了第三医院，听医生说这老太不行了，便急着打电话叫来了老太的子女。孩子们到病床时，老太已经认不清人了，大儿子俯下身，在母亲耳边说：“娘，我是海泉，来看您了。”可是，老太翕动着嘴唇，一遍遍念叨着：“娥国，娥国……”直到老邱闻讯赶来，也像海泉一般在老太耳边轻声呼唤了一句：“婆婆，是我，我是娥国。”老人的双眼才睁了睁，安详地离开了人世。

“啊呀，我把你们的正事给耽误了。”余婆婆又笑了，“老邱就住在老何家那一个单元，你们快去，他也该回家吃中饭了。”但是，当我们踏进他家时，老邱正准备出差呢。这种事老邱的妻子已经习以为常了。

匆匆之间，本来就不大愿意谈自己的邱娥国不会讲多少话，可是句句都说得在理：“当一个合格的民警，就要能让群众满意。用真情才能换来真心，我们这里，只要出了点事，居民们都愿意跟我说，我这个当民警的，办起事来就方便多了。”停了停，邱娥国又说：“在群众眼里，我们就代表着国家政权。干什么事，都要能维护政府形象。”

这就是当了 17 年民警的邱娥国的心声。

忠于职守

纪实电视剧《西安大追捕》正在紧张的摄制中。这一夜，要拍摄深夜捉拿主犯的一段。为了体现纪实电视的特色，导演决定在案情现场重现10年前刑警擒拿人犯的全过程。街头上有跟当年一样的羊肉串摊头，昏暗的街灯，熙熙攘攘的人流，连时间也跟当年案发时间一样。

“主犯”从街头出现了，担任自己角色的公安人员像10年前一样打着招呼，布置着“任务”。“那位穿黑上衣的就是捕捉对象。咱们开车靠上去，尽量靠近再动手。”“注意，‘主犯’身上有枪，一定要控制住他上半身。”

让公安人员自己扮演自己，导演只要指挥摄影师，他紧跟在主摄影师身后。这里没有强烈的灯光，更真实地体现了纪实特点，所以导演也不必为灯光操心。

一切都跟事先预排过的情况一样，“主犯”从羊肉串摊上捞了几根烤好的肉串，边吃边往大街方向走去。公安人员的车子紧跟在后，他们在20米外下了车，朝正悠闲走着的“主犯”扑了过去，几个人顿时扭作了一团。

近处的人都知道这是怎么回事，大街上的路人可不知发生了什么，等听到警车的鸣叫，大家才知道公安局在“行动”，也就安下心来，这一切，使现场更加逼真。等这场戏拍摄完了，导演大声叫“停”，大家才松过气来。

这时候，大家突然发觉，自己的队伍里多了一位民警，他正不解地望着身边的人：现场多了一辆出租车，车门打开着，司机从驾驶室探出头来，跟民警一样莫名其妙。

还是导演脑筋转得快，他上前跟民警打了个招呼：“同志，感谢你能参加我们的行动，你这是真正的见义勇为。我们刚才在拍电视剧。”一番话说得那民警笑了起来，乘导演忙其他事的当口，他悄悄地又上了出租车，离开了现场。

第二天开机之前，导演把大家请到了会议室，说是让大家观看昨天拍的带子。一切都像预定的那样，电视镜头重播着昨晚的一幕。当公安人员开始跟“主犯”搏斗时，导演突然喊了声“注意”，画面出现了定格：在预定的镜头中，多了一辆出租车，一位民警正从出租车里跨步出来。

接着，那位民警几乎参与了全部擒凶过程。画面一段段过去，服装师第一个喊起来：“啊呀！出问题了，他穿的是现在的警服，跟十年前可不一样！’

接着，演“主犯”的又嚷开了：“你看他多厉害，扭得我的胳膊现在还疼呢。”他的话，逗得满屋子的人都笑了起来。

“幸亏你当时没真的想顽抗，”担任演员的刑警笑着说，“这位是我们局里的格斗尖子，你要再顽抗下去，那胳膊非上绷带不可。都怪我们没事先通知他。他刚出差回来，坐出租车回局里去，遇上抓囚犯的场面，你说他能不卖力吗？”这席话，更让在场的人笑得前俯后仰。

导演让大家笑完，又开了口：“你们说怎么办？我们的戏添了个义务演员，他演得真投入。可惜违背了历史，当时没人穿那身警服，删又删不了，重拍太可惜。”他回过头，征求剪辑的意见。

剪辑人还在思考，周围的人可纷纷议论开了，有主张重拍的，有主张保留的。反正大家一致的意见只有一条，要是说拍纪实电视，那位民警的表演可算是最真实的了。

到最后，搞剪辑的拿出了一个意见，尽量采用那位民警被遮住的镜头，也不让出租车在画面上出现，但是，最后让民警和他的制服出现一个特写，用字幕和画外音说明事情经过，免得批评家有意见……

他的意见立刻被大家接受了。于是，《西安大追捕》中出现了这样的情节，当“主犯”被擒后，出现了一位民警的侧面像，这时，字幕和画外音同时宣布："在我们拍摄这场戏的时候，现场突然出现了一位民警，他正乘出租车经过这里，以为真的在擒拿凶犯。他义不容辞地参加了进来。只是，他的警服是新式的，跟故事发生时不一样……"

一位真的民警，就这样闯进了电视镜头，他以自己忠于职守的真实行动，增添了纪实电视的真实性。

国策干部

当金可群这位年近不惑的女干部到镇政府报到的时候，她怎么也没想到，等待她的职务竟然是计划生育主任。虽然她早为人母，但总觉得计划生育工作该是老婆婆们管的事，一想到自己将跟那些崇信大男子主义的顽固分子打交道，心里便升起一阵阵不舒服。但是，她是个十分要强的人，一旦接下某项工作，是绝对不肯马虎的。于是，走马上任之后，她对自己的领域作了一次深入的调查，然后确定工作的重点。

调查以后，金可群看到了新形势下计划生育的新困难。经过十多年的计划生育工作，特别是这一工作成为基本国策之后，各村各居委都建立起计划生育的基层组织，属于正常管属的居民和村民，国策观念确实是增强了，这是金可群展开工作的有利条件。但是新问题不少，镇上那些外来的小贩，已经拖家带口，不少是“超生游击队”；青年们有早恋早婚现象，当然会牵涉计划生育；重男轻女的恶习，致使有些育龄妇女躲到外乡外地，过了一年再带孩子回村。这一切都要金可群去做好工作。

这工作真不好做呀，并不是人人都理解这位女干部所做的工作。说情的兜着圈子，动员所有认识金可群的人上门来，大包小包拎进门，这还算好的。有的人一次次投来鄙夷的目光：“不大不小的娘们，管事管到人家夫妻之间来了，简直像个杀生婆。”脾气暴躁的当着面便骂开了，话说得要多难听有多难听，真让金可群又委屈又伤心。

但是，金可群还是照样做她的工作，丝毫没有一点懈怠。酸甜苦辣都曾经涌上过心头，累人累心算不得什么，平凡的工作锻炼着这位计划生育工作者。

镇上那家菜场边上，有一个卖生姜的摊子，摊主是对外地来的小夫妻，挨着肩膀长大的3个女孩子成天在摊子周围嬉耍，而那女的肚子又微微腆了起来，那情势，是铁了心非生个儿子不肯罢休的了。

金可群到摊子上买了生姜，和风细雨地跟小夫妻扯起了家常，接着讲起了计划生育的道理。还没提到要去医院引产，那女的脸就拉长了："你这人真怪，肚子是我的，你管得着吗？"

金可群可不肯退让一步，原则问题上必须针锋相对："你是我们这里的外来人口，在我的管区里，要求你按计划生育规定办，这是我的责任。"话说穿了，对方不再发蛮，他们毕竟不敢得罪当地政府机关，但也不接话茬。沉默，是另一种对抗的方式，金可群也不能用行政手段对付这样的外来人口。

从那天开始，金可群天天都到卖姜摊子上来，经常买一点姜，不买生姜也找话茬谈谈心，给那3位女孩子带些吃的，送她们一些孩子穿的玩的东西。渐渐地，摊点上的女主人觉得这位女干部还挺有人情味的，说的道理也挺为自己着想，终于抛弃了成见，抛弃了生个男孩子的愿望，跟着金可群进了医院。该坚持原则不给超生的，金可群决不肯退让；而对一些能够酌情处理的情况，她又千方百计寻求合适的途径通融解决，敢于承担责任。

镇上一家企业的一位大龄男青年，是个独子，父母替儿子的婚事操够了心，好不容易找了个对象，却因为女方年龄不够，办不了结婚证。一年前，姑娘已经做过引产手术；现在，离女方规定结婚年龄还差一个多月，又怀了第二胎，按规定也得引产。

金可群看到女青年身体也受影响，假如再去引产，重则有危险，轻则会影响今后的生育，便帮她到工作单位说情，提前几十天出具结婚登记证明。登记以后，又按规定给予一定数额的罚款，替她办了生育证。小夫妻俩不知怎么感激这位"大姐"才好，把她当作最贴心的亲人。

刚担任计划生育主任的时候，金可群最头疼的便是有人问她干什么工作。那时她总支支吾吾，只说在镇政府工作，不愿说具体做什么工作，现在，她会坦然地一口报出自己的职责，只要问的人愿意，她就如数家珍般给人讲几桩“说服动员”工作的趣闻。当一名“国策”干部，她感到无比的自豪。

油海明星

在茫茫无际的郭尔罗斯草原上，星星点点散落着27处油井。这里是盛产石油的松江平原，油井却散落在人迹罕至的荒原上，只靠油田的检修队去管理，是绝对无法提高每口油井产量的。好多油井因为管理不善，抽油机停止了转动,油井周围长满半人多高的蒿草。当年千辛万苦找到油井，钻出油气的采油工人们，一个个看在眼里，疼在心头。怎么办？一定要有人长年住在井边，才能让油井高产稳产。

于是，30岁出头的采油工人余国民，主动向领导申请，带着妻子和刚满4岁的女儿，冒着零下30度的严寒，闯进了风雪漫天的荒原，落户在最远的108号油井，在破旧的低矮井房里，一干就是十几年。

刚来到井区，夫妻两个草草收拾了一下住处，立即投入了修复油井的工作。除草，检修抽油机，清理贮油罐，夫妻两个足足忙了20天，连春节也没顾得上包顿饺子。抽油机终于重新转动起来,原油从井口“哗哗”地淌出，流进油罐。听到这动人的声音，浑身沾满油渍、通身简直像“油葫芦”似的余国民夫妇，高兴得笑出了声。

油井停的时间太久了，部分零件已经损坏。抽油机才运转了十天，就出了故障，这天早晨，余国民开始像往常一样，到油罐顶上测量油温。不料电保温装置也出了故障,管道内形成了罕见的高压。他刚刚打开罐口，一股高压油气流猛地冲出油罐，把他从3米高的罐顶上抛进了雪地，冲出罐的油和气顿时燃烧起来。余国民顾不上浑身疼痛,立刻边喊边扑打火苗。妻子听到余国民的喊声，把吓哭了的女儿往炕上一扔，操起扫帚也冲出了房门。两个人竭尽全力，终于扑灭了大火，保全了油井。

从此，余国民对设备格外关心，经过他的精心维护保养，机械故障被彻底排除，油井也进入了最佳出油状态。

日子过去了一年，又过去了一年，余国民一家，始终坚持在荒原深处。他们的收入不高，生活用品要往返六七十公里到城里去买。艰苦的生活，他们挺着；四周十几里地见不到人迹，难以忍受的寂寞，他们也能熬着过。

但是，女儿长大了，该上学了。最近的一所厂区小学，离 108 井也有十几公里远。余国民只能每天送她去上学。孩子从小在油井长大，多见草地少见人，怕跟人说话。余国民每天送她到学校，足足在教室窗外站了两个月，女儿才习惯了学校生活。从小学一年级到女儿进了初中，住进了学生宿舍，整整 6 年，余国民风雨无阻，接送孩子，在没有道路的荒原上往返奔波了 4 万公里。

油井产量高了，周围又没有其他管理人员，一些想发石油财的人便把通红的眼睛盯上了 108 号油井。一位“油耗子”提着两条大鱼进了余国民家，瞟了桌上咸菜和玉米饼子一眼，笑嘻嘻地开了腔：“都啥年月了，还不打算富起来？你手里有油，有天然气，啥东西换不来？大哥，别太死心眼啦！”余国民回答他：“油是国家的，不是我的，监守自盗，咱不干！”硬给他吃了闭门羹。

一次次“交易”做不成，“油耗子”们恼羞成怒，来了个明抢暗偷。一个月黑风高的夜晚，余国民夫妇查过井刚躺下，几个鬼鬼祟祟的黑影就摸到了油罐边。余国民早有提防，把阀门拧得死死的，那伙人死活打不开。一位使尽了吃奶气力的“油耗子”把一肚子恼火发泄到余国民身上，捡起块石头掷进了井房。玻璃“哐啷”一声被砸碎了。余国民大喝一声，从门边操起半人高的板条，冲出了大门，吓破了胆的油耗子们一哄而散。“油耗子”从此对 108 号油井，对余国民失去了“兴趣”，再也不敢上门了。

吉林省的郭尔罗斯草原，是全国石油产地中小小的一处；108 号油井，仅是吉林省石油产地里的一口油井；就是无数个这么不起眼的油井，组成了共和国的石油海洋，散落在油海之中无数个的“夫妻井”，就像无数颗熠熠发光的星星，余国民夫妇，就是这些星星之中最亮的一颗。

巧断家务事

"清官难断家务事"，这是人们常常提到的话题。可是，家务事常常会来找上清官。不管难也好，易也好，总得给一个说法，断定出是非。在断家务事的过程中，无论哪一步，都牵涉到十分微妙的伦理、道德，以及急不得、拖不得、硬不得、软不得的实施方法。一句话，还是"难"。再难也得有人去做。区法院的须普根法官，就是善断家务事案子的高手，要问他有什么秘诀，他只说了八个字：善解人意，热情助人。

第一场官司，是残疾人福利厂的工人贺存娣状告丈夫，说丈夫不肯抚养还在读初中的女儿。作为被告的丈夫，却是位精神分裂症的患者，还在外地休养。开庭时，贺存娣丈夫的监护人到庭了，法庭也依法判定了，父亲应该履行抚养子女的职责，而现在这职责应该由监护人承当。

判决不久，须普根就发现监护人因为房屋动迁，已经搬出了原住址。贺存娣找不到人，便三天两趟跑到法院来讨说法。唉，这位驼着背，左手残疾的母亲也怪可怜的，她所在的福利厂效益不好，最近无法正常生产，靠她那一点点收入，要维持母女俩的生活，实在是难。

从贺存娣一遍遍的哭诉中，须普根听出了她的本意。丈夫的病不是最近才有的，只要自己能养家糊口，她决不会到法院来吵吵闹闹，自己吃一点苦算不了什么，但女儿要读书，要吃饭，不找丈夫，她能找谁去？

这位残疾人自尊心还蛮强的，只因失去了正常收入，才会找上法院。作为一名法律工作者，无论如何不能辜负她的信任，要替她寻找一条解决问题的路子。

其实，即使每个月能有一点补贴，对于贺存娣来说，还不是最好的出路，治标不治本，不符合残疾人的本意。须法官弄清了这一点，便到街道办公室商量，替贺存娣找了一份适合她身体的工作，让她靠自己养活一家两口。从此以后，贺存娣就从未到法院哭诉过。

另一桩案子却牵涉到母女两人。区里有位老人，名叫王红玉，她没有固定收入，唯一的女儿又住在外地，婆家五口只有女婿一个人工作。按法律，女儿女婿应该赡养王红玉，法庭也作出了相应的判决，通知了女儿女婿。

可是，判决却无法执行。老人跟子女不在一地且不说，就是要去女儿女婿那里扣工资，也是拆了东墙补西墙，叫那边老老小小五口人怎么过日子？在具体的困难面前，法律的条文，伦理道德标准遇到难题，这就叫作“难断家务事”吧。

须普根想到了社会的力量，他觉得在这种情况下，应该多设法向有具体困难的人伸出热情帮助的手，而不是强制执行判决条文。

在须普根建议下，法院建立了“济困扶危基金”，从工作人员自愿捐款的钱中，每月按时拨出一笔，给王红玉作为生活费；他又跟民政部门联系，让老人列入社会救济的行列，两边的款子相加，王红玉有了基本的生活保障，对女儿女婿的怨恨自然而然被亲情替代，两代人的感情渐渐融洽起来。

对须法官的关心，外地的女儿女婿当然十分感激，他们也竭尽自己的能力，给孤苦的母亲寄衣物，过年过节也总有所表示，尽量表达做子女的孝心。

终于，女儿带着孩子回乡探望母亲来了。一家人见了面，说了不少知心话，淌了不少伤心泪，然后相偕着一同来看望须普根法官，表达他们对这位热心助人的法官的感激之情。

须普根从内心感到喜悦，他从这一对相恨相怨变成相爱相亲的母女身上，体会到了社会主义法制和精神文明的巨大力量。作为一名法律工作者，他既维护了法律的威严，又促进了人性的完善，确实令人由衷地高兴！

为子孙造福

已经有好几年了，河北平原上，小制革厂一家一家办起来。办这厂子太容易了，牵上电线，买个电动机，装上变速箱，连在转鼓上，只要转起来，皮革就能制成，这可是只金饭碗那。

然而这种厂子发了家却坑了河流大田。机器轰隆隆响，废水哗哗地淌，大河小河的水饱受污染，死了鱼虾不说，这水连人都不能喝，靠河水灌溉的农田从此减了产。害处大的地方，就是井里的水也冒着制革厂的臭味。这就是报纸上常提起的“三废”、“污染”。

照理说，农民们只知赚钱，各级领导可该清楚污染是违法的事。但是，从报上到各级领导嘴里，越往下传，声音越小，干打雷不下雨，小制革厂还照样开。谁也不想去砸父老乡亲手里的金饭碗，况且，这些小厂还替乡镇甚至县里创造一大笔税收呢。少了它们，叫各级地方政府到哪儿去找钱，如何实现“工农产值的连年增长”？

这种国家三令五申，地方上纹丝不动的状况终于有了变化，一道死命令从国务院、省政府下达：小型制革厂一律关停。为了子孙后代的幸福。为了消除环境污染，一定要动真格的。

县政府动了真格，一支执法队建立起来，在规定的时限到达后，来到小制革厂最多的乡镇，看见转鼓就砸，见到皮子便动刀子割，小制革厂立时变成了过街老鼠。

但是，习惯端金饭碗的个体老板们，并不想真的听话，他们跟执法队打起了游击。你来了我便躲，你白天来我夜里再开工，砸了转鼓再买，污染和反污染打起了拉锯战。

这种状况当然不能继续下去，县委部署了取缔小皮革厂的工作，让管理公安工作的副县长陈汉民担任工作委员会的负责人，授予他处理相关问题的权力。

陈汉民知道，自己和县里的执法队无论如何管不了全县这么多地方。无论现在或者今后，要彻底杜绝小皮革厂，关键还在地方上那些干部，他们不再睁一眼闭一眼，事情就能办好。

陈县长把自己家乡新桃镇作为试点。那里是污染的重灾区之一，原因就是镇长老铁和书记家的儿子，还在偷偷地开工。上梁不正下梁歪，谁还怕执法队？新桃镇的问题不解决，其他地方的工作当然也无法展开。

陈县长回到家乡，立刻找镇长和书记，敬上香烟，客气地跟他们商量，要他们以身作则，执行好规定。两位当然都点头，答应了下来。

谁知全镇大会开过，几点处罚规定宣布之后，两位镇上头儿的表现就发生了变化，老铁自以为跟陈县长是小时候的老朋友，只熬了三天，就偷偷地转移了机器，又开工了。书记却亲自去砸了自己儿子的转鼓。

面对这种状况，陈县长无法沉默了。他立刻召开大会，当场把跟老铁一起偷偷开工的 7 名厂长送进了拘留所。老铁被拘留了 10 天，罚款 3000 元。这一下，好比晴天里响了个霹雳，把那些还在观望，想今后也重新开工的人都震慑了。书记接过了镇长的工作，跟陈县长配合清理小制革厂。一共罚了 18 户人家,镇子上顶着不停产的人家终于不敢再违反规定、继续开工生产了。

但是，那些无法再从制革厂获得利益的人们，心里十分不满。县长是大官，他们惹不起，书记砸自己的厂，还领头执行规定，那些人把一肚子怨气全出在他身上。一天晚上，天空密布乌云，突然，镇子边上燃起了大火，明眼人一看就知道，不知是谁把书记家的柴垛点着了。在当地，挖坟、砸锅、点柴垛，是发泄仇恨的最严重的方式。现在，这方式用到镇书记头上来了。

陈县长在治理污染上毫不手软，当然不会放过这件事。查处了纵火人之后，他也体会到，要治污染，还要帮助发展无污染的生产。在治理工作暂告一段落后，他立刻帮助镇书记办起了新的工厂，然后根据各村各人的情况，组织不同的生产。慢慢地，对立的情绪得到了缓解。办这些事真难啊，可是，给子孙后代留下一片净土，正是他的神圣职责呀！

医生的职责

这是20多年前的事了。当时的沈玉英大夫30岁刚出头，已经是一位小有名气的中医外科医生。这一天，她正坐堂门诊，进来一位年轻的司机。他撩开衣服，一副令人不忍目睹的景况立刻出现在她眼前。

年轻人浑身的皮肤均被厚厚的血紫色、黑色皮屑覆盖着。显然，难以忍受的奇痒迫使他拼命地搔，搔破了皮肤，搔出了血，才结出这样的血痂。银屑病——沈大夫迅速下了诊断，病人年纪轻，脾气爆，才会导致这种结果。她劝说了那年轻人几句：不能搔，越搔越痒，越搔面积越大；并按常规给他开方抓了药。

谁知十多天之后，沈玉英的诊室里又闯进了那位司机。这一次，他“呼”的一声拉崩了几粒纽扣，把整个胸膛袒露出来，大声责备起来：“瞧！这是你治的病！你算是什么医生？把病快治到我脖子上来了！”

真是惨不忍睹呀！小伙子病情更重了，银屑变厚，重重叠叠，变成大面积的溃烂，而且还有继续发展的趋势。听到的责备和看到的病情，让这位自尊心极强的女大夫怔住了，她的心在痛苦中颤抖。

沈玉英感到冤屈，银屑病俗称“牛皮癣”，是一种极顽固的皮肤病，还没有治愈的病例。病人自己不小心，拼命抓，引起溃疡，难道要怪医生？

但是，她更多的是感到了责任，作为中医外科大夫，她更理解病人的心情，患了这种病，肉体的折磨且不提，就是精神的折磨，也是常人难以忍受的。小伙子恐怕还没结婚，眼看皮肤一寸寸变厚变粗，还在向无法掩饰的脖子上蔓延，那种痛苦，该是多么巨大呀！沈玉英如同身受，她狠下了决心，发誓要征服“牛皮癣”这种顽症。

研究刚刚开始，有人就劝她：“内科不治喘，外科不治癣。古今中外那么多出名的大夫都治不好，你又何必徒劳无功，浪费自己的心血？”沈玉英却一条道走到黑，决不肯回头。她大量阅读中医典籍《本草纲目》、《黄帝内经》、《金匮要略》……她四处搜寻民间验方，去粗取精，寻找银屑病发病原因，寻找合适的中药配方。

20多年来，她从没有在12点之前上床睡觉。她得了胃病，在自己治疗的过程中终于悟得了一条道理：银屑病跟其他毛病一样，没有包治的一贴良药，根据不同病区，不同病理，不同病期，要用不同的药。

风邪外侵跟风寒外袭不一样，情伤脾胃跟内分泌失调的又相差极大，必须辩证施治，扶本治标同时进行，外敷内服双管齐下。她终于筛选出最佳的中药，制订出不同的治疗计划。20多年的心血终于开花结果，她在治疗银屑病的领域取得了突破性的成果。

现在，沈大夫已经年过五十，她的病人越来越多。这一天，她刚在门诊室坐走，门外闯进一位身高马大的中年汉子，操一口山东方言，哇哇地表达着自己的感激之情。

“要不是沈大夫，俺可惨啦！全庄子的人都把俺当作怪物，还说俺患的是什么麻风病。县里的医生给俺平了反，可没法治好这病，让俺来找沈大夫。这不，”他越说越激动，猛一下扯开衣襟，两粒纽扣骨碌碌滚到桌子底下，“俺这病可真的治好啦！”说着说着，这位三十几的年轻汉子竟呜呜地哭出了声。

这一天，沈大夫还接待了一位无病的来访者，她认得，这人有位亲戚在加拿大，为了治银屑病，两次飞洋过海来到祖国，沈大夫替那老华侨治好了病。这次，他要亲戚来找沈大夫，再给加拿大的患者寄药去。沈大夫给了他一些抑制病情发展的药，劝患者当面诊治，不然很难收到疗效。

每天坐堂，沈大夫总是这么忙，可她忙得愉快，因为她尽到了医生的职责，也向世人证明了，中华医药在世界医疗事业中，有自己独特的地位。银屑病，这一顽症终于在东方医药面前遇到了克星。

快车押运员

从1962年开始，每天3趟运送鲜活冷冻商品的快车，从不中断，奔驰在祖国大地上。它们是从郑州、上海、湖南出发的751、753、755次列车，每天都把内地向港澳同胞提供的副食品，送过罗浮桥。即使在国家困难时期，在十年动乱期间，在发生洪涝灾害和交通阻塞的情况下，这3趟列车依然风雨无阻、准点到达。

这3趟快车，运行线路集中在中国最繁忙的3条干线上，各铁路局始终保证了它们的直达快运，并得到铁道部和外经贸部的优先照顾。

要使这些列车上的货物安全运抵目的地，离不开押运货物的员工。他们三十五年如一日，出色地完成了运送任务，他们以高度的责任感，为祖国的食品出口，为港澳同胞作出了特殊的贡献。

把鲜活食品从产地运到香港，短的要几十小时，长则要一百多小时，押运的全过程充满艰辛，押运员们数十年来始终默默地工作着，创造着运输历史的奇迹。

3趟快车，运送最多的货物是活猪。每当这种特殊货物上车，员工们先要作好准备。车厢冲洗消毒，然后铺上干饲料，站头上地面涂满了一层黑色的药液，这都是为了途中不发生疫病。

特殊货物装车了，押运员要严格把关，看一看每头猪身上，有没有防疫部门加盖的红色印章，瞧一瞧上车的猪有没有发病的。他们干了几十年，从来没有一头病猪逃过他们的火眼金睛。

每一位押运员，对这些特殊货物照管得十分小心，每节车厢都铺着干饲料，还给猪留下大小便的地方，猪是爱干净的动物，平时很少撒野。押运员手中虽然都有根棍子，却从不打在这些特殊货物身上。他们知道，一棍子打下去，猪皮肤下就会出血，验收的时候就过不了关，运送任务就打了折扣。

跟对货物的照顾相比，押送员对自己的照顾就差多了。他们在长途运输中，只能住在简陋的卧室里，卧室跟猪饲料的仓库同在一间，简单的吊铺下，堆满饲料包。列车四面透风，冬天寒风刺骨，夏天臭气熏人，闷热异常，到了终点站，即使洗了澡，里里外外换了衣服，还除不净满身的气味。

也许有人会说，这么多年把猪运到香港，押运员一定对香港非常熟悉了吧。事实却不是这样。他们运货的目的地只是深圳北站，货运到后，交付给由香港方面负责运过海关的单位，他们就要立刻“打道回府”，再去接受另一批特殊的货物。押运员们把自己的工作，称作“功成身退”，完全没有旁人想象的那样，经常到香港潇洒一回。他们有的，只是常年累月的长途跋涉，和超乎人们想象的奉献。

35年过去了，第一代押运员早已离开了他们年龄和身体无法胜任的工作，一代又一代新押运员接过了他们的班。3趟快车在35年中，总共开行37000列，运行的里程数，相当于绕地球5500圈，8千多万生猪“大军”由他们运进香港，外加500多万头牛，10亿只家禽，另外还有冻肉、水产品、瓜果、蔬菜等等。

香港的副食品经营者对他们的工作最清楚。号称“屠行活词典”的刘先生经营了半个世纪的屠宰行，他记得清清楚楚：1962年前，没有这3趟快车，只要三天没有货进港，香港的肉价就会猛涨一倍；有了3趟快车，肉价就始终稳定在一个水平上。

由于种种原因，3趟快车上的工作人员一直是默默无闻的。现在，香港已经回归，为稳定香港作出了巨大贡献的押运员们，也即将从后台走向前台。从中国广大群众，到香港受益的市民们，将目睹他们的风采，领略到他们对事业的钟爱。在新的条件下，他们一定会为保障香港的繁荣，为香港同胞安居乐业，作出自己的贡献。

职业军人

当苏宁从炮兵学院深造3年回到原部队的时候，发觉自己恐怕错过了提升的机会。他当连长时候的那位排长现在已是副团长了，自己还不过是个副营级的股长。上学吃亏了吗？不,那3年让苏宁大大开阔了眼界，把握到了当代战争的脉搏，他没后悔，当一位新时代的职业军人，就应该有紧迫感，危机感，置身于世界军事科学的最前列。个人的得失，算得了什么！

当时，苏宁当了近20年的兵了，在同年的战友中，他级别最底。一位转了业，现在又要到国外留学的战友劝他："改革开放后，大家都挣了大钱，只有你还守着那玩意儿。有你父亲和岳父的关系，凭你那聪明劲儿，到哪儿都能混出个样儿来，你还等什么？"

苏宁有两位革命长辈，他的父亲和岳父都是老八路。但是，他想到的不是个人生活的安逸。三百六十行，唯有军人用鲜血和生命为祖国服务，他喜欢这一行，因为这一职业关系到国家安危。

苏宁依旧默默地当着他的部队基层干部。冬天来到了北国，刚被任命为团参谋长的苏宁，带着战士，一头扎到寒风刺骨的工地，冒着零下20多摄氏度的低温挖掘煤气管线。

夜战归来，谁都披着一身冰霜，拖着疲惫的双腿。同屋住的老王一定要苏宁躺到炕头，苏宁笑着摆摆手："别争了，都一样。"说完，脱了湿漉漉的衣衫，钻进了炕梢的被窝，把热炕头让给了战士。

清晨，刚休息了四五个小时的苏宁，又出现在工地。后勤处长赶上前来，要替下他，让他多休息一会儿，苏宁却说："施工到了关键时刻，战士们可苦啦。当干部的要别人干什么，自己首先要去干。营盘是铁打的，兵可像流水一般，要把他们培养成一颗颗种子，流向全国生根发芽，言传身教最要紧那。”

这就是苏宁从小在自己两位长辈身上学到的优秀传统，就是我们部队的传家宝。他住的是一间9平方米的背阴寝室，床上只有单薄的黄军被和白床单，那个当战士时用惯了的白包袱，包着衣服当枕头。生活虽艰苦，但他在精神上却是很富有。

就是这位朴实的基层干部，考虑的却是国防现代化的全局战略，研究最高统帅机关的大课题。他是军事统筹学会、运筹学会、经济数学研究会和总参炮兵射击学会的会员，他勤奋攻关，撰写和发表了76篇学术论文，始终站在世界先进军事科技的最前列。

海湾战争爆发以后，苏宁整个心灵被震撼着，他常常彻夜难眠，思索未来战争对中国军人的挑战。他研究陆军与坦克的对抗，研究计算机决策系统，研究部队的心理训练，研究战争运筹学，得到上级和专家的肯定，被称为现代中国军队干部中“难得的人才”。勇攀科学高峰，像苏宁那样热爱科学，是当代中国职业军人最鲜明的特点。

正当苏宁的事业如日中天，部队现代化建设迅猛发展的时候，一次生与死的考验摆在了这位团参谋长面前，他用鲜血和生命践行了自己庄严的诺言。

蓝天抹上了朝霞，映在潺潺的松花江上，炮兵团正在哈尔滨城下进行轻武器实弹射击和手榴弹投掷作业。苏宁抢着站在了最危险的投弹训练场，炮兵缺少这方面的训练，他不能离开最危险的地方。

意外情况发生了，一位战士投弹用力过猛，手榴弹撞上壕堑，滚落到离他只有1米多远的监护人脚下。已经拉掉保险的手榴弹，将在3.5秒内发生爆炸，战士和监护人无法避开被炸的厄运。

“卧倒！”苏宁只喊了一声，便猛冲上前，奋力推开手榴弹旁的两位战友，再拨开监护人的腿，从地上捡起手榴弹。就在手榴弹即将出手的一刹那间，轰然的巨响震动了天地，两位战友得救了，苏宁却倒在了血泊中。

苏宁，用他舍己救人的壮举写下了职业军人历史上最光辉的一页。他的事迹证明了，他是战士们“绝对可以信赖的好领导”，是将军们“放心的最有希望的接班人”。

苏宁，是当代职业军人的楷模。

守陵人

林志荣老人退休已经两年了。子女们好几次来请他回老家去，一家人团团圆圆，给种花致了富的儿孙们提提建议，当个顾问，这该有多好。但是，老人依旧留在他工作了十几年的烈士陵园里，孤零零守着偌大的陵园。白天伴着那些花花草草，晚上相伴的是一台收音机，一盆应时的鲜花。他在清冷孤寂中沿着习惯了的生活道路走，日复一日，年复一年。这位老人太傻？不！这里有他毕生最深的一个情结，他无论如何离不开。

他不是本地人。当共和国刚刚建立的时候，他考入了农林学校，毕业之后，到边疆工作了十多年。是家乡的一位长辈在这里当县委书记，看上他的才干，才千方百计把他从遥远的北疆调来，要他帮着发展县里的副业，还帮他在本地成了家。当时，他刚 30 岁出头。

一年多以后，他的第一个孩子刚刚出生，那场史无前例的动乱就开始了，县委书记被“打倒”，他也跟着倒了霉。不久全家被下放到了农村，这位以种树种花出名的技术员，被迫赤脚下田挣工分，还不许“乱说乱动”。

更残酷的迫害是几年以后。当林志荣不安心于挣工分，在自己的房前屋后重操旧业，种上了一排果树、一片月季之后，他立即被视为“走资本主义道路”的异端，当作一条尾巴被“割”掉。树被刨了，花被踩了，批斗会一个接着一个，说他是还在走的“走资派”，老县委书记的“复辟急先锋”。好不容易盼到冤屈被昭雪，他那位可敬的长辈，却因为百病缠身，过早地进了烈士陵园。年已半百的林志荣，争取到陵园的管理工作，跟着走进这里当守陵人，一当就是十几年。

起初，他把自己的精力全部投入到陵园的美化工作之中，杂草清除了，松柏长高了，一年四季，陵园里总摆着鲜花。每天早晨，他在巡视陵园之后，总要走进骨灰寄存堂，从老书记那只盒子开始，一只只用布擦拭干净，又给堂内的鲜花浇上水，然后考虑着这几天该换上哪盆花。

对室外的那些青松翠柏，他更是爱护有加，施肥治虫，整枝松土，遇上刮风，他每天都要去看上几遍。在他精心照料下，陵园实现了园林化、公园化目标，成为省一级的先进单位。

每年最忙的日子，要数清明前后，有好几万人前来凭吊。老林把他们当作了自己的亲戚。当老书记的战友们前来凭吊的时候，他总是陪伴在他们身旁，战友们都说："有老林在这里，我们完全放心了。"

林志荣在陵园工作十分艰苦，可是，他觉得十分舒畅，能够在这里陪伴老书记，替许许多多为群众过上好日子献出生命的人付出自己一份精力，他丝毫不觉后悔。

在把陵园修整完毕之后，林志荣又想起了当年自己的专业。他要利用自己学到的知识，用自己的经验，替陵园创造更多的收益。

他在陵园的边上，开辟了一块种花区，种上了各种鲜花。种花可不易呀，夏日遮荫，冬天保暖，刮风下雨，更是费神。他可把花当作了自己的子孙一般疼爱。

种花有了收入，他以花养花，逐步扩大品种。除此之外，他每年还能给陵园增加好几千元收入。讲起这些花，老人总是兴致勃勃，头头是道，末了还要添上一段话："当年我从边疆到这里来，就是要来发展副业的。老书记一再告诉我，我们这里半分平地半分山，山上种果树，平地养花，人们的日子会好得多。现在是这样干的时候了。"

这以后，守陵人又当上了义务技术员，除了守陵工作外，他经常替城郊和乡区的专业户出点子，有了空还上门指导，帮助一家又一家植树、种花，带着他们发家致富。但是，每天晚上，他总要回到自己陵园那间小屋子里去，他总觉得，那儿是他真正的归宿。

绿树掩翠，鲜花吐艳，无言地妆点着庄严的陵园。林志荣默默地穿行在绿树鲜花之中，无悔地过着被外人看作绝对寂寞空旷的日子。他自己感到，这些年的生活，拥有的是真正的幸福。

勇敢的女干警

元旦快到了，幼儿园里的老师们都在替孩子们编织着节日之梦，三四岁的孩子,也都向往着节日里跟父亲母亲到公园去玩的快乐。谁也没想到，一场骇人的灾难会降临到这个欢乐的环境中，降临到天真无邪的孩子身上。

11 点 20 分，两名幼儿教师带着 28 名 3 岁的孩子洗好手，排队进了东边的小班教室，准备吃中饭了。这时候，一位身穿蓝色鸭绒袄的青年男子突然闯了进来。在门口，他那阴沉的脸色遭到怀疑，正在走廊上的王园长立即发问：“你是谁？来这儿干什么？”那人突然拉开小班教室大门，回头朝园长喊：“快打 110，叫他们送 50 万元钱来，我身上有炸药，迟了谁都别想活。”说着，进了教室大门，回手把门“砰”的一下关了个严严实实。

棉织五厂幼儿园发生预谋勒索案的消息，立刻惊动了市公安局。几百名干警在局长的带领下，包围了歹徒控制的平房，远远地设立了几个观察点。在望远镜里，只能看到窗台上放着两个炸药包，以及隐隐约约，似乎被赶着挤在教室角落里的儿童。

一个小时以后，一位幼儿园教师被歹徒放出屋来传话：“下午 4 点之前送钱来，否则就要跟人质同归于尽。”教师说，歹徒把孩子都赶到一个角落里，到现在 28 名孩子还没吃上中饭，真不知道怎么办才好。

为了寻找救出孩子的办法，几位公安干警身着便服，多方接近教室，想跟歹徒对话。但是,每当有人接近,那歹徒便推开窗户,躲在窗后大喊：“别靠近，再走一步，我可要按引爆器啦！”几次以后，那歹徒连离教室 25 米远的围墙也不许有人迈进了，谈判解决人质危机的方案失败了。

时间一分一秒飞逝，离下午 4 点越来越近，市委书记和省公安厅长作了简短的商议，果断地下了决心：不惜一切代价，首先要保护好孩子，然后作好严密的准备，寻找战机，击毙歹徒。

从银行提出的 50 万元现金送到了指挥部，以备不时之需；车站分局的治安干警吴玉梅奉命来报到了，局长要她乔装幼儿教师，进入教室，伺机行事。

吴玉梅，这位曾抓获数百名犯罪嫌疑人的公安标兵，听完局长的介绍，深感责任重大。保卫人民生命安全的强烈责任心，激励着这位 35 岁的治安干警；作为母亲，孩子的安全增强了她的信心。她把情况在脑子里过了一遍，毅然回答："首长放心，保证完成任务！"

这时，歹徒又把另一名幼儿教师推出了大门，还有 1 个半小时就要到 4 点，他急不可耐地又来催促送款。吴玉梅迅速换上幼儿教师的大褂，慢步走向那间关押着 28 名孩子的教室。

吴玉梅轻轻敲了敲窗子，门小心翼翼露出一道缝。歹徒已用一件孩子的外套蒙住了脸，只露出两只凶残的眼睛。吴玉梅告诉他，自己是幼儿园主任，孩子的家长不放心，推她来看看教室里的娃。歹徒还在迟疑，她镇静地推开了门，走近了那堆被吓坏了的孩子。

手足无措的孩子们看到穿大褂的阿姨，一起围拢到她身边，这个喊肚子饿，那个说要上厕所，一位胆小的孩子，扑在她怀里大声哭了起来。

吴玉梅抚摸着孩子们的头，安慰着他们，又回头对歹徒说："这个孩子病了，得出去吃药打针。"歹徒晃了晃手里的引爆器："不行！你自己出去拿药进来！"

出了教室，吴玉梅迅速制订了一个计划，再入虎穴，击毙歹徒，救出孩子。她的计划很快得到批准。

就在包围院子的干警们进入伏击点的时候，吴玉梅手托药盘，领着一位幼儿教师，一位副局长，又走近了扣押人质的教室。门开了，那位副局长却被关在门外。

歹徒靠在炸药包附近，眼睛一眨不眨盯牢吴玉梅，看着她拉着孩子走进教室小间去服药，就在经过歹徒身边不到1米的地方，吴玉梅装着侧过身去抱孩子，飞快地掏出子弹上了膛的手枪，朝歹徒连开了3枪，同时一伸手把孩子推倒在地，自己却朝歹徒猛扑过去，右手掐牢歹徒脖子，左手一把抓住歹徒握引爆器的右手。夺下引爆器，她马上挺身扑向窗台，用肘猛击窗玻璃，接着把炸药包扔到了操场的死角里。

一切来得是那么快，埋伏着的干警一起冲进了教室，一人一手抱一个，一会儿便把孩子全抱出了幼儿园。教室里，只剩下那个异想天开地绑架孩子、向政府勒索巨款的歹徒。他再也不能为非作歹了。

岗亭里的年轻人

两年前，一位农村青年陈其荣，离开收入颇丰的乡镇企业，进城考上了公安干警，分配在城郊结合部的一个繁忙的岗亭，当上了交通警察。在这个岗位上，他迅速成长为一名优秀的警察，小小的岗亭，成了他整个世界。

当交警苦啊。在城郊结合部，国道边的十字路口值勤，就更苦了。那里交通繁忙，地面开阔；冬天北风呼呼地刮，夏天连一点躲雨的东西都没有，一顶小小的遮阳伞起不了什么作用。

照理说，陈其荣能在这里坚守岗位，不怕苦不怕累，就应该算是恪尽职守的好警员了。但是，陈其荣认为，单这么做还不够，交警的职责应该更广更多，只要能替群众排忧解难，岗亭边发生的一切，都在他职责范围内。他就是这样做的。

踏上岗亭圆台还没出两个月，有一天晚上，他值勤到8点之后，正准备下班回家，发现附近一家酒店门口，几位青年正忙着服侍一位躺在地上的醉鬼。他上前一看，可不得了，几米外就闻到一阵刺鼻的酒臭，那醉鬼已不行了，直往地上哇哇吐脏水。

这人需要送医院抢救，旁边那几个青年已慌得手足无措。陈其荣立即停下自己的摩托车，到街路上拦车。这么晚了，几辆车都没把他那身民警服放在眼里，疾驰而过，他只得招呼了一辆出租车，送醉鬼上医院。直到那人洗了胃，脱离了危险，陈其荣才回家。这时已经是10点半了，他还没吃晚饭。

同样一个已是万家灯火的夜晚，陈其荣在岗位上站最后10分钟岗。这时候，圆台边来了位老太太，她推着一辆简单的平板车，前来问路。几句话交谈之后，陈其荣知道了她是位希望工程的热心人。从她那张盖满各地公章的介绍信上，陈其荣看到了这位老人一颗赤诚的心，立即掏出口袋里所有的钱，换回老人恭正出具的收据，再把她带上国道，一连拦截了三辆车，才算拦下一辆，让司机带老人去她下一个目的地。汽车开走了，陈其荣才回家，这又是他一个很迟才吃晚饭的特殊日子。

有一天，陈其荣回家的时间更晚。当天色已近黄昏的时候，住在农村的四川打工妹的弟弟李大海，在人地生疏的岗亭前迷了路，哭着向陈其荣问路。

陈其荣从李大海断断续续的话语中，知道他要回到姐姐的住处，还要走10里路，这一下午，李大海完全走反了方向。如果让他去找，恐怕一夜都无法归家。于是，陈其荣买了些点心让李大海充饥，等自己下班后，骑摩托车送李大海回家。农村的路很难走，等陈其荣送他回家后，自己再回到城里，已经接近午夜了。

要说在这个岗位上出现过的事件中，给人留下印象最深的，还是发生在白天的一件。那一次，陈其荣承担了刑警的职责，阻止了一桩盗窃案。

上午10点半，一辆公交车突然在陈其荣岗亭旁停了下来，车门附近的窗子里，探出一位外地来的女子，哭着朝陈其荣喊："同志，警察同志，我的钱被偷了，那是我一年的辛苦钱那！帮帮我，警察同志！"

怎么办？车上这么多乘客，陈其荣又没有上车检查搜身的权力。可是，总不能眼睁睁让群众受害吧。陈其荣立即上了车，对满车乘客说："大家听到了吧，人家辛辛苦苦，攒钱真不容易，帮帮这位同志，把钱找回来！"顿时，车厢里责备小偷的声音一浪高似一浪。

也许是那位小偷在群众压力下害怕了吧，他偷偷把皮夹扔到了售票员脚下。钱夹找到了，打开数一数，一分也不少。丢钱的乘客喜极而泣，一定要买点东西谢谢陈其荣。陈其荣摇着头回答："你要谢谢大家。我一个人起不了多大作用，小偷怕的是大家。说真的，当时我也没把握，万一找不到钱，我也只能掏自己的钱表表心意了。”停了一会儿，他又说：“该道谢的是我，我谢谢大家对我的信任啦！”说毕，朝满车人敬了个礼。

多么朴实的语言！陈其荣就是因为有这么强烈的责任感，才会在小小的岗亭中做出令人钦佩的成绩，赢得人们的信任和爱戴。

新校长

谁也说不清，从什么时候开始，第十二中学忽然变成了“薄弱”学校。别的学校地方大，拆了旧楼盖新楼，校容校貌焕然一新，十二中缩在一条巷子里，周围不是居民住宅就是工厂，实在不好发展，房子旧了，给人印象太差，“薄弱”的帽子自然而然戴到了头上。

想不到这一差，竟然牵一发动全身。小学毕业生是按地区投报附近中学的，同一地区的示范性重点中学先拔头筹，尖子拔去，剩下的中上学生，也跟着想法子钻进好学校。招生下来一比较，十二中的生源最差。

舆论有时候会支配人们的思考。你看那学校，放学时乱哄哄地挤在巷子里，吵吵闹闹，学校风气不好。想当年，这学校有个毕业生，出了校门便进了监狱，老师不知道怎么教的——其实那个年头这种情况好多学校都有，唯独这一个大家忘不了。附近小学的毕业班老师做思想工作时，大声呵斥孩子：“你再不好好读书，毕业后只能到十二中去！”读不成书的孩子，家长也叹息：“唉，看来是十二中的料。”

进十二中的学生从此自认“差生”，教“差生”的十二中教师也丧失了信心。薄弱学校的困扰，不仅牢牢刻在师生心头，也日夜萦绕在教育系统领导的心头。改变十二中的状况，提上了教育局的议事日程。

一个机遇落到十二中。学校北面的居民区要进行改造，道路拓宽之后，学校的面积有所增加，学校的大门可以移到临街一边。辛忱中在这时候被委任到十二中担任校长，负责改造学校，脱掉薄弱的帽子。

翻建了新校舍，配备了必要的设施，改建了校门之后，十二中确实焕然一新了，学生和教师的心态平衡了一点。但是，辛忱中知道，“薄弱”的影响还远远没有从人们的心头消失，彻底改变人们思维的定势，应该是首要的任务。他立即行动起来，在教师、学生、家长三个方面开展了“攻心”的战斗。

首先要改变观念的，应当是教师。由于学生进校时基础确实比较差，老师们普遍认为自己是“吃力不讨好”。辛忱中却以为，当薄弱学校教师，必须“更吃力”，才能“讨得好”，每一个孩子都有自己的基础，离开出发点作过高要求是不现实的，但通过全体教工努力，一定会从原有基础上得到提高。只有取得一个个小的成功，才能积累成大成功，关键是相信学生一定会进步。

他身体力行，操起旧业，挑起了初一年级数学课的教学任务。尽管他工作很忙，还是像一位普通的教师一样备课，批作业，作辅导，经过他的努力，学生的成绩有了大幅度提高。

他知道，学生不良习惯的改变，不是一件轻而易举的工作。他从最细小的地方抓起，让学生树立起不输给别人的信心，认识自己潜在的力量。

学生爱读课外读物。过去老师怕影响学生学习，见到便没收，辛忱中认为这是因噎废食。他开放了一个阅览室，选择了几百本适合学生阅读的读物，每天定期开放。一时间，阅览室人头涌动，读书风气大振，校园里不符合行为规范的打闹减少到最低程度。

但在开放阅览室的第一天，就丢失了8本书。管阅览室的老师大叹“朽木不可雕”，建议追查，严肃处理，并在阅览室黑板上写上“窃书也是贼，莫学孔乙己”10个大字，还加了3个惊叹号。辛校长把大标语擦了，写上一段话：“作为校长，我的责任是促使全校师生明白，十二中人的人格无价，你相信吗？”下面恭正地签上自己的名字。

第二天，8本书还来了一本，校长又在下面加了一句：“同学，你送回的不仅是一本书，你送回了人格，送回了良好的学风，谢谢！”第三天，8本书都悄悄送了回来。在当天的升旗仪式后，辛校长为学生的还书举动深深向全校师生鞠了一个躬，赢得了全体师生的掌声。

学校要开家长会了。每个年级的家长会，校长必到，会上，他总是表扬学生的进步，提名道姓，事实具体；分析问题，也给家长提出具体解决办法，共同商量在校内校外一同帮助孩子进步的措施。

原来冷冷清清，互不信任的家长会，变得热热闹闹，心灵相通，家长们说："恨铁不成钢，老师和家长的心是一样的。现在，孩子变了，我们差生家长终于盼到这一天，能听到表扬了。"

3 年过去，辛校长带到初三的那个年级的学生，百分之百达到了合格，比起以前最差的一届，整整提高了七十个百分点。薄弱的帽子，终于扔进了垃圾堆。

酒店老板

这是一个初夏的傍晚，“喜洋洋”大酒店里一片热闹，今天是周末，不少家庭出来晚餐，更有不少生意人，也借此机会与人边吃边谈生意。

在酒店仅仅打工一个月的洪国荣，因为不会烧菜，只能帮助大师傅杀鸡、宰蛇、剖鸭、洗鱼。

这不，一位顾客点了一条五步蛇。这酒店里的蛇羹是顶呱呱的。

按照店里的规矩，蛇由顾客亲自去蛇笼点，点完了则由洪国荣捉出该蛇，让顾客重新审定，然后再宰蛇、剖蛇。

也是洪国荣一时疏忽，竟然没带手套，凭着自己的经验，打开蛇笼伸手去抓那条顾客已点的蛇的七寸头。岂料蛇是被捉住了，旁边那条五步蛇却是脖子一伸，“呼”的一口，在他的手腕上咬了一下。

就那么一口，不会比被蚊子叮一口疼痛多少，麻麻地，木木地。

但是，凡与五步蛇打过交道的人都知道，如果你没拿它当回事，不出一个小时，它就会要了你的命。

“柄宝，快，拿高度白酒来！我被五步蛇咬了一口！”洪国荣大叫一声。

酒店里，白酒有的是。酒飞快地拿来了。洪国荣镇静自若，他先用白酒将伤口洗了洗，然后用刀割开伤口，再用白酒冲洗一番。他想，再毒的蛇，这么快的处理，总没问题了吧。

然而，情况并不是这样，他的头马上昏昏然起来。

他刚才的一声大叫已经惊动了一直在店里踱进踱出的老板黄号广。

他摸了摸洪国荣微微发烫的手腕，说：“不行，这蛇毒，快上医院！用我的车！”

医院里说了，这蛇奇毒，得用专门的血清救人，要不，恐怕性命难保，只是我们医院里没有这血清。

黄号广坐在医院里打手机，一家一家又一家地问过来，市里竟没有一家医院有这种救命的血清。

洪国荣的胳膊已经粗得犹如小腿，红得油光闪亮，洪国荣的神智开始在昏迷。这是中毒逐步加深的迹象。

“黄老板，听说乡下有一个蛇郎中，十分灵验。要不要问他一问？”一位大师傅说。

“行啊，在什么乡？远吗？”黄号广赶快打电话。然后用他自己那辆车从90公里外将这位郎中接来。

郎中看了，上了药，然后摇摇头说：“这种蛇最毒，我也没有把握。缓一缓可以，要救命，却做不到，还是用血清吧。”

黄号广跳了起来。他开始拨打长途，北京、上海、广州，上海有这种血清，但是来这里的飞机要到第二天中午才起飞。不，来不及了。

还是去广州吧，打电话联系，广州蛇毒研究所的一位教授说，血清有，只要来，我在飞机场等你们，随到随打，救命要紧。

可惜，去广州的飞机要到明天清晨6时才起飞。

不行，洪国荣已经昏迷，手臂早已粗得不能再粗，等到上了飞机已在12小时以后，再加上飞机上的飞行时间，到时候，病人很可能死在飞机上。

“这，得包飞机！”猛地，一个念头从黄号广的头脑里蹦了出来。

酒店开张不久，至今没赚反亏，包一架飞机得12万，而这人又只是他店里的一个打工仔，蛇咬也是他咎由自取……不，不谈这些理由了，救人是第一位的，人命关天。黄老板当场决定：包机，先救人再说。

航空公司同意包机，可是钱呢？

先将黄老板这辆车开到飞机场抵押在那里怎么样？这车刚买不久，买价是42万。

行，那快来吧。我们派最好的飞行员。

黄号广的轿车呼啸而出，载着迷迷糊糊的洪国荣直奔飞机场。

飞机起飞了，一切顺利，平安降落在广州白云机场，这时洪国荣已经呼吸困难，心电图已经显示他的心肌缺血……再迟几个小时就没命了。

对症的血清一针一针打了进去，一瓶不够打两瓶，两瓶不够打三瓶，一直打到第四瓶，洪国荣才走出了死亡的阴影。

到这时，从被蛇咬的时候算起，正好整整 12 个小时。

如果没有黄号广老板这份好心，洪国荣的命恐怕真的没有了。

背米阿松

“喂，喂喂……是阿松家吗？”五老爹在打电话。“……嗬，终于有人接了，费了我多少力气啊！……我说，阿松在吗？……你，你就是阿松吗？我要米，还是 20 斤。中午打电话说你在学校里，你才放学回来？昨天我忘了打电话了，弄得我一天只好吃方便面……”

五老爹已经八十有五，家住翠苑新村一个 35 平方米的小套间里，身边没儿没女的。他的米每次都是 16 岁的阿松送的。阿松是人们说的“打工仔”，没爹，就一个娘，她租个车棚开一家小小的杂货铺。阿松很懂事，放学回来第一件事是帮着娘送米，17 点至 19 点（再迟老人家要上床睡觉了），他按着娘白天电话里记下的门牌，踏着那辆小三轮车一家一户地送，这些人家，大多是些身居高楼的七老八十的老人。阿松送米不收送货费，大米保质，从不短斤缺两。他家的米生意，一大半靠的是这些人。要不，超市里有的是米，何必找上这家不起眼的外地人开的小店？

不到半个小时，楼梯上“噔噔噔”响，比之平日，脚步声分外沉重，阿松已在按门铃了。

“是你吗，阿松？”一早已耸着耳朵在听的五老爹问，虽然他确认一定是阿松。

开门得经过四道手续（这是老年人的有备无患），门终于开了，今天的阿松显得异乎寻常：平日眯开眼笑的白脸，今天却是愁眉苦脸的样儿，头发也焦得有半边卷卷曲曲，黑中透黄，那身衣服已是东一个洞，西一片焦，活像刚从火焰山逃得出来的孙悟空。

“你今天是怎么啦？”五老爹靠近了他，好奇地问。“好股烟火味儿！”

“没，没，没什么，我娘一不小心走了火了。”阿松挤出一个笑来，笑得比哭还难看。

“这么说来，你是在救火来着？难怪你一身的烟火味儿……还好，家里没损失什么吧？”五老爹这个推理情有可原，要不，这米是哪来的？看来，阿松家是没有什么损失的。

“还好，还好，没什么。”阿松的眼睛不敢看五老爹，他怕自己的谎言瞒不了老大爷。

“我想也还好，要不，我这个电话也打不通了，你说是不是？”五老爹为自己的推理得意，别看他这么大年纪了，自以为是的事儿总还有的。

“是，是。……我家的电话摆在门口。没事儿，没事儿。”阿松家的电话确在门口，凡是开杂货铺的，哪家的电话不是在充公共电话，赚那三毛五毛的小钱？

“那就好，那就好。”五老爹凑着眼睛，一张一张地将数钱给他，“米钱拿好了，数一数，晚间当心坏人抢你。眼下啊，坏人多，唉！”

“多谢五老爹，人家不会知道我这么个小孩口袋里有钱。”阿松想说句玩笑话，也像他平日里那样，可是今天竟然想不出来，头脑里有点空白。

“让你妈记一笔，就说下个月的初五，再送 2 斤糯米粉来，我家阿娇要来，我让她做些艾糕。”

“我会让我妈记下了，2 斤糯米粉，下月初五。”阿松略略迟疑了一会儿，嘴里说着，声音有些哽咽，走了出去。

一跨出门，他的眼泪簌地一串挂了下来。他不得不扶着墙壁走下楼去，他的眼睛已经被泪水模糊了……

就在他刚刚放学的当口，没来得及走到家门口，已经看见家里沸反盈天的，一片火光与一篷篷的浓烟正从家门口涌了出来。邻居与消防队正忙着在救火。除了那架电话奇迹般完好无损外，他那赖以为生的小店已付之一炬。……最最说不得的是他的娘，为了舍不得店里的货，在第四次冲进去后，再没有出来。从今以后，他，小小阿松，就要成为一个没父没母的孤儿了，他还没有想过，今后的自己，该怎么办呢……这 20 斤米是另一家小杂货铺里借来的，因为通常他妈妈总说给他，答应了人家的事，千万不可不算数。阿松答应过五老爹，他任何情况下，都会为他送米的。

管理员勇救女孩

韩娜是个年仅6岁的小女孩，她聪明美丽、活泼可爱，可惜她的耳朵重听了。她特别热爱动物，时不时的缠着妈妈陪她上动物园去。

动物园里，她最为钟爱的是一只大猩猩，自从大猩狸生下一只小猩猩后，她更是念念不忘。她因为耳朵重听而在学打手语，她也常常教大猩猩，企图用这种语言来相互交流。

这天是星期六，妈妈又陪着她去了。动物园她们是熟的，门口的售票员和大猩猩的管理人员甚至已经认识她们。

动物园的管理人员见到她们，说："啊，真是不幸，大猩猩的孩子昨天夭折了，眼下，它一直不吃不喝，十分的悲伤，你们千万不要靠近它，免得它在悲伤中失去耐心。"

当然，这些话，孩子的妈妈是听清楚了，可是韩娜未必听得清楚，她只知道了一点：大猩猩的娃娃死了。

就在管理人员走开的时候，妈妈的同事也带了一个孩子路过，她们免不了总要打招呼说几句话。

是的，就三五句话，不会再多，就这一眨巴眼的时光，等到妈妈回过头来，韩娜已经手脚并用，爬上了围栏，她实在可怜大猩猩，想靠上去安慰它几句。

妈妈惊叫起来："韩娜，你干什么？快下来！"

说时迟，那时快，大猩猩看见韩娜过来，一直缩在里面的它，三窜两跳出来，一把将韩娜揽在自己怀里，然后在众人的一片惊叫声中，又走回到自己老地方去了。

韩娜倒没有过多的惊慌，她贴在大猩猩的怀中，喃喃地与它不知说些什么。可是外面的人却吓坏了，要知道，大猩猩是一种力大无比的动物，别说是一个人，就是一只猛兽什么的，只要它发起怒来，也能轻而易举地将其一撕为二。万一，我们是说万一，如果一不小心激怒了它，它也对小韩娜来这么一下，谁能忍心看到这个悲剧的发生啊！

妈妈吓得说不出话来，她一身冷汗、满脸苍白，强撑着不让自己昏倒。

大猩猩的管理员刘大姐，想不到自己才离开那么一会儿就出了事，她立即用手语与大猩猩对话，但愿她能将韩娜解救出来。

动物园园长赶来了，他们一面安慰韩娜的妈妈，一面出谋划策，看哪一种方法最为安全。

幸好大猩猩没有把韩娜怎么样，它大概因为丧子而太过悲伤，现在暂时借韩娜充当一下夭折的孩子。它紧紧抱着她，用它的大爪子为韩娜梳理头发。韩娜呢，她其实没有太惊慌，只是围栏外的人们的情绪影响了她，她也开始害怕起来，轻轻啜泣起来。

两只雄性大猩猩过来了，它们看见居然有人敢闯入它们的领地，就挥舞着长长的胳膊，一摇一摆地走了过来。

铁栏外人们的心都提到了喉咙口，万一韩娜被它们中的任何一只抓住，可以百分之百地说，她是没命了。因为母猩猩与韩娜关系不错，加上失子之痛，说不定尚有三分爱惜之意，而素不相识的雄性大猩猩却是没有情面可说的。

雄性大猩猩已经渐渐逼近，只见那只雌猩猩将韩娜换过左爪，右爪在地上抓起一块石头，“呼”的一声扔了过去。这块石头好不凶猛，砸在地上“砰”的一声，吓得两只雄性猩猩一跳跳起来，逃过一边，再不敢上前。

一个小时过去了，刘大姐不断地打着手势，让大猩猩放了韩娜，她说：“好宝贝儿，你已经饿坏了，吃点香蕉好不好？让我们抱抱你的小女孩行吗？”

可惜，她的一切劳动还是白费了。大猩猩虽然很长时间没吃东西了，可是它并不打算放下韩娜。

时间过得分外的慢，动物园里的任何人，出于人道主义，出于自己的职业道德，他们几乎没有一个回去睡觉，在这儿陪着刘大姐，陪着韩娜。

大猩猩在用爪子轻轻拍打韩娜，就像拍打自己的孩子一般，铁栏外的气氛一点也没有缓和。

疲惫万分的韩娜又饿又困，但她还是依在大猩猩的怀里一动不动。

这个折磨人的夜晚，一直持续到凌晨2点。人们看见大猩猩的情绪越来越不稳定，都担心出什么意外。正在这时，机灵的小韩娜终于看懂了刘大姐打给她的手语，自己动手打起手语来，她是在对大猩猩说："你的宝贝实在饿坏了，你能放我下来去吃一点东西吗？"

好，大猩猩显然是看懂了。它松开爪子，让她下来，然后，自己去抓搁在它面前已经很久很久的香蕉去了。

"快跑啊！快跑啊！韩娜！"动物园的工作人员不敢大声呼叫，但是几乎一致地用声音和手语告诉韩娜。

韩娜看懂了，她飞快地跑了起来。大猩猩的背正朝着她，等到它发觉韩娜离开它想再抓她回来的时候，一支早已为它准备的麻醉针飞进了它的背脊，它舞动着长爪子，只是踉跄了几步，就倒在地上了。

经过动物园全体人员的努力，终于使这个可爱的孩子安全脱离大猩猩之手。

女司机

这是一个漂亮的姑娘，弯弯细细的眉毛，小若樱桃的嘴巴，美目秀发，身材婀娜。她是一位出租车司机，她叫谢婉芳。

她已开了 3 年的车,因为人长得出色,的哥们都称她为“出租车之花”。又因为她的车技不错，服务态度好，她的生意也不错。

这天，她从火车站接了一对外地来的老年夫妇，他们多年未回家乡，请求她送他们去山区。她见时间还早，加上坐的是一对老年夫妇，明知去的目的地地形崎岖，也还是答应了下来。

车出发了，路况也不是太好，由于地形生疏，她不得不时不时地停下来问路，但是就算是这样，这对老年夫妇还是心满意足，一路谈谈说说，不断地感谢她。

到了多年不见的亲戚家，那份喜悦自然一言难尽。因为谢婉芳的服务好，他们硬是邀请她吃午饭。下午这对老年人要回城，于是他们又上了谢婉芳的车，往回走。他们估计，约莫 4：30 可以到城里。

山路确实不太好走，山陡路窄，七拐八绕，一会儿上山，一会儿下坡，一路上谢婉芳不敢有任何疏忽。

但是，人算不如天算，事情还是出了。

车到中途，天空忽然下起毛毛雨来，这种雨往往使路人奔跑赶路，开车特别要当心。虽说山路上行人稀少，但是正因为车少，他们往往没有防车意识。

就在车开出 45 公里左右，路上一群黄牛慢吞吞地在走，不少于二十头，看来刚刚从山上的牧场赶下来，牛群中一位妇女，手里执着一根短棒，急急赶着它们，她不希望自己淋上雨。

谢婉芳心想，这里是乡下，按几下喇叭，请这几位牛大爷让一让路吧。她没有减速，按了三下喇叭。

谁能料到，响亮的喇叭声竟然会在山谷间产生这么大的回声。

“叭叭，叭——叭叭，叭——”那些从未领教过汽车喇叭的黄牛一下吓得跳了起来。它们乱成一团，四散奔窜。

那女子急了，忙不迭伸棍赶牛。就在她赶牛的当儿，有两头黄牛横着窜了出来，直挡在车子的前面。谢婉芳连连刹车，车子已经一头撞在一头牛和那个赶牛的女子身上，一声尖叫，人已倒在地上。

谢婉芳跳出车外，天啊，那女子七孔出血，昏死了过去。

那么多年了，谢婉芳从未出过事，这下，她方寸大乱，一把抱起那女人，浑身颤抖，脸都吓白了。

两位老人也吓呆了，连问怎么办。

谢婉芳清醒过来，连忙拦住了一辆货车直送县医院。一个正好路过的当地人，也被谢婉芳邀请上了货车。

可是，就在送伤者上医院的途中，那个被撞的女人咽下了最后一口气。

货车司机说：“小姐，没救了，咱们还是回去交给家里人吧。”

她的职业良心不允许，谢婉芳哭着说：“不，不，不，说不定还有救呢。请送医院吧。”

“那，那会花你更多的钱呢，”货车司机说。

“救命第一，请开吧，请开吧！”

一进医院，她要求医生不惜一切代价地救治。

她说：“医生，救救她，不要管钱。只要救得她活！”

然而后脑已经破碎，就是神仙也已无能为力。那个女人还是死了。

据随车来的那个当地人说，这个女人叫林二姑，她的丈夫是个庄稼人，现在他们一家人就靠养牛为生。

不久，死者的丈夫来了。

他看到谢婉芳虽然撞死了自己的妻子，但是她的道歉与忏悔却是发自内心的。他看出了她的内疚和痛苦，反而倒过来劝她：“你也不是故意的，你回去吧，那两位老人还在路上……后事我会处理的。别太伤心……”

谢婉芳哭得好不伤心，喃喃地说：“我实在对不起你……我活活拆散了你的一家……”

过了些日子，谢婉芳提了水果、带了数万元的现金，到山区看望那死者的丈夫去了……

海员勇斗海盗

“堂堂堂，堂堂堂！”大铜锣的声音在孟加拉的上空急剧响起，划破了夜空，使得周围的船只也都慌乱起来。

“大家准备！大家准备！海盗们已经偷偷上了咱们轮船，正在船头大肆抢劫，大家赶快出来！大家赶快出来制止！”这是负责巡视的海员王祝秀在大声呼叫，他的手里提着一面锣。

是的，这里是孟加拉湾。这儿一向以海盗多出名，不是一般的多，而已到了多如牛毛的程度。

这里不是没有警察，而是警察怯弱无能，对海盗们只好听之任之。当地百姓也不愿意任由摆布，而是对他们无能为力。

这艘轮船是我国青岛汇泉船务公司的阳光轮。这次他们装来的是袋装水泥，要在这个有名的码头卸下。

一进港口就看出来，这里边许多小船上的人神情暧昧，他们借口卖水果、蔬菜，不断地游荡在大船边上，东张张、西望望，这些黑黑瘦瘦的汉子不哼不哈,专门的窥伺着轮船上的货物。其实他们的船上既无水果，也无蔬菜。

夜里 8 点半后，夜雾骤起，这时，不谙本地情况的船员们不知道海盗们还有这样的一手：借着夜雾的遮掩，他们利用球类一般的东西将细绳带上船首，再由细绳拖着粗绳上去，随后，海盗们就借助绳子爬了上去。

幸好，高度警惕的王祝秀发现影影绰绰中船头有人在晃动，他蹑手蹑脚走近一看，海盗们已上了船。

听到锣声的所有船员，一跃而起，捞到什么就以什么充当武器：铁棒、木棍、厨房里的菜刀……他们高呼着一起冲了上来。

但是，海盗们是有备而来的，他们带了许许多多的石块，不等船员们冲上前去，石头已如飞蝗一般朝着他们砸来。

负责组织的是56岁的王修山，他是轮机长，一位血性汉子。

只听得他在大声吼叫："大家听着，我们是以运货为生的，任这批兔崽子们抢，我们还是人吗？餐厅里有的是啤酒瓶，他们会砸，我们不会砸吗？赶走海盗是大家的光荣，快去拿啤酒瓶！"

小伙子们人人有自己的职业感，容忍海盗猖獗，还有脸回去吗？大家迅速排好队，用传递的方法将啤酒瓶传出来，然后大喝一声，抡起胳膊，将它们一一飞向海盗。

"砰！啪！"扔过去的啤酒瓶在爆炸，有的砸个正着，打得海盗们"妈啊，娘啊"地哇哇大叫。

但是，他们那种要钱不要命的狂野，使得他们不甘就此罢手，在倒退了几步躲入船舱后，没一会儿功夫，又冲了出来。

这样反复较量了几次，海盗们到底被船员的勇气压了下去。他们逃下轮船，回到了自己的小船上去了。

这时，已是下半夜。

"快向当地的警察求助吧！"有人说。

然而，电话打出去了，警察们也明明知道海盗们上了船，但他们就是迟迟不动。

天亮了，船员们警惕地望着船的四周，好几条驳船还在四下里转悠，看得出来，海盗们并不死心，他们不甘心失败。他们混在装卸工之间，在等待时机。

"要提高警惕，等一会他们还会来，这次，大家准备好，我们就与他们拼了。"王修山在动员。

其实，船上没有一个船员感到害怕，他们一门心思想保卫自己的轮船，不让货物受损，不让轮船蒙羞，不让自己蒙羞。

果不其然，海盗们的又一次冲锋开始了，一次是 4 人，一次是 8 人，一次是 20 人。但是次次都被严阵以待的船员们打退了。

最后一次，王修山带头提了一把刀冲了上去，他提刀直砍横劈：“与这些兔崽子们拼了！冲啊！”

小伙子们冒着飞来的石头，红着眼睛，大声喊杀，海盗们终于被这群不怕死的船员们打败了，连滚带爬地跳下海去，四散走了。

孟加拉的报纸纷纷报导了中国船员们这一英勇事迹：《中国人愤怒了！》、《中国船员血战“阿里巴巴”》、《阳光轮船员愤怒了！》其实，当地的人们也早已恨透了这群无耻的强盗。

在海员们英勇的护卫下，袋装水泥一袋袋的运上了岸。

几天后，阳光轮终于完成了装卸任务。昂起船头，胜利地开出了孟加拉湾。

大巴车司机

这个故事发生在中国的海南岛。每到冬天，北方天寒地冻，不少人都到海南岛来过冬，所以春节前后，游客猛增。

这天，一群游客乘了一辆大客车，往五指山开去。驾驶员是五十多岁的马天宝，他在这条线上已跑了几十年，路况熟悉，驾驶技术高超，乘客们尽可放心在车上打盹睡觉。

到山顶风景点，要沿盘山公路一路盘旋而上，地势颇为险恶。

一路上，香花如锦，到处都是百年以上的古木巨树，离地又高，浓阴如幄，凉翠扑人。不时遇到大小溪流，泉声潺潺，与松风鸟语互相应和，使人如入仙境。

游客们正为这个南国的好风景赞叹不已，陡然间，车速慢了下来，抬头一看，原来车又登上了一座山峰。

一上山风景突变，上山公路变得蜿蜒崎岖，两旁的风景刹那间也大变了样：路就在山峰脚下，那峰下数十丈本是苍崖壁立，石坚如铁，光滑滑草木不生，邻近前峰一带，到处都是乔松奇树倒挂盘生，地势好险呀。

公路不宽，只见司机老马双眼炯炯，直盯着前面一丝也不敢大意。看他这股神情，游客们不由也神情紧张起来。看来这路并不好走。

有些游客贪图车外的美景，不由又看向窗外。对，这里真是值得一看：路旁立着大小好几块怪石，朵云拔地，虎跃猿蹲，飞鸟盘空。有位游客正看得啧啧称奇，猛的，车内不远处一个轻轻的声音在问："阿莲，问一下，车内有人会开大巴吗？"原来，这是司机在问导游。

阿莲是这趟车的导游小姐，她关心地问："怎么啦，马师傅？你还好吧？"

老马说："没什么，就是有点不舒服。"

导游大声问全车的人："请问各位，有人会开大巴的吗？"

人人都在摇头，有人小声在说："我们就会开开私家车，开不了大巴。出了什么事吗？"

"嗯，也没什么。大伙安心吧。"老马轻轻地说。

上山的路越来越险峻，乘客们感觉车明显地慢下来，终于，车被开到一处山凹处，这里因为公路狭窄，连双车道都谈不上，车开进这里，可以让来车勉强通过。

大伙儿以为，也许司机感到身体不适，或者想下车方便一下吧……

人们的念头还未转完，车子已经停了下来。

刚才还叽喳喳说话声很响的车厢里一下子静了下来，大家投来了疑问的目光。

导游因为有了刚才司机的一问，赶紧跑过去探望。探望之下，她骤然惊叫起来："快看！车里有大夫吗？马师傅不行了！"

车里有好几位大夫，他们纷纷站了起来。一看，马师傅居然已经停住了呼吸——他的心脏病突发，就这样伏在驾驶盘上去世了。

可就在他自感心脏病突发作的当儿，他不忘自己是个司机，手中握着几十个人的性命，他强忍着痛苦，将车开进了安全处，紧刹住车，保证了一车人的生命！还为过往车辆留下了通道。

一个多么了不起的大巴司机啊。

感天动地苟晓超

2008年的5月12日下午两点半左右，身在野外的人，突然感到脚底在摇动，一瞬间，“轰隆”一声巨响过去，接着劈啪劈啪，好似万马奔腾的声音，无数的大小石块树木望空迸起，满天乱飞。耳边只听见天崩地裂之声，墙屋震撼，门户动摇。这是中国少有的特大地震，地震强度为8级。

这时，四川省巴中市通江县洪口镇永安坝村小学24岁的教师苟晓超，正在三楼教室里。当时同学们正在教室里午睡。苟老师感觉到地面在晃动、颤抖，知道是地震发生了，立即大声叫喊：“同学们，快起来！地震了！快跑，跑到楼下操场上去！”

同学们正睡得迷迷糊糊，刚刚睁开眼来，不知道发生了什么事，多半呆在那里，不知所措。

苟老师怕别班的同学老师没有意识到，他冲到阳台上，朝着其他班教室高喊：“地震了！快跑啊！不要再留在教室里了，快跑啊！”

他一边喊，一边一手搂起一位兀自懵懵懂懂的小同学，飞快地跑下楼来。他的行动带动了同学们，大家也开始往楼下跑。

大地一直在猛烈震动，有些小同学已经吓得哭了起来。

苟老师的声音一直在提醒着大伙：“危险啊，快跑！跑到操场上空旷的地方上去！房屋可能要塌！”

当他将第一位同学带到操场上后，再抬头往上看，发现尚有几个小同学在三楼上，也许吓呆了，也许是力气小挤不下来，也许是腿软了走不动，眼看大楼就要倒，再不下来，后果不堪设想，他一提气，又向楼上奔去。

“你们怎么还不下来？快跑啊！”他冲着小同学叫。

“我……我……”

苟老师也不知从哪来的力气，左手搂了一个，右手将另一个背在自己的背上，叫了声“紧紧抓住”，大步流星地往下赶，三级一跨，两级一跨，两个被他抓着的同学几乎是闭上了眼睛，他们再也不害怕，只要在苟老师身边，他们就有救了。

苟老师三楼已经跑了两个来回了，地震时断时续，时强时弱，看来是一下子歇不下来，这样猛烈的地震，大楼倒塌是迟早的事。苟老师再次抬起眼睛往楼上看，发现还有一个女同学不知为什么竟然还在三楼下不来。

“你下来呀！你——”他知道，在这危急关头，光靠叫喊是顶不了事了，他再一次毫不犹豫地往楼上冲去。

这时的地震更加猛烈，轰隆隆之声宛如十万天鼓，加上万马千军，齐发怒吼。耳目所及，无不令人心魂皆颤。

“苟老师，别去了！危险！”许多人吓得大叫起来，有老师也有同学的声音。然而，强烈的救孩子的心理使他毅然决然地作出了这个决定，甚至没有一秒钟的犹豫。

整座楼的人几乎已经跑完了，楼上那个小女孩的哭声显得分外刺耳。苟老师刚刚跑上三楼，才抓过她，就清晰地听见楼房断裂倒塌的声音，他知道顾不了这许多，能冲出去总是要冲的。谁又知道，就在他踏着一楼地面时，房屋轰然塌了下来，就在人们一片恐怖的尖叫声中，他顺势将手里孩子抛了出去，孩子仅仅受了点轻伤，可他自己……他的双腿被一根水泥柱子一下压住，再也动弹不得。

一阵尘土飞扬起来，沙石惊飞，整个学校一片灰濛濛的。等到灰尘稍微下沉，全校师生一齐动手去掀开苟老师身上的砖头瓦砾，苟老师只觉得双脚已经麻木，什么地方在致命地尖痛着，他艰难地睁开眼来，断断续续地说：“我……我……我怕不行了，快去救别的同学们吧……”

这次大家是不会听他的了，大伙齐心协力地动起手来，苟老师到底被人们挖了出来。

人们将他扛在肩上，轮流地替换着，飞快地将他送到洪口镇中心卫生院，可惜，因伤势过重，苟晓超老师在半途中轻轻地闭上了双眼。

苟老师牺牲时，年方 24 岁，正是当月 2 日结的婚，12 日那天，他是第一天来上课。他的事迹，感天动地！

笑眯眯的空姐

第二次世界大战刚刚结束，世界上各行各业便开始复苏。一些诞生在战争中的高科技，应用到了各个行业，其中，航空交通业发展得尤为迅速，大型客机出现了，穿梭于各国的航班载客越来越多，速度越来越快，机舱中各项服务措施越来越完善，民航航班逐渐变成跨国首选的交通途径。

开始的时候，旅客们对悬在一万公尺高度的钢铁屋子总是不放心，怕它万一倒栽葱，里面的人会无一幸免，总觉得踏在陆地上，甚至站在甲板上要安全得多。于是，各航空公司竞相展开宣传，一项项承诺，一件件优惠，五彩缤纷般摆在旅客们面前。保险公司也推波助澜，开出了诱人的价格，替航班上的乘客担保。刚刚强大起来的日本航空公司，更在六十年代初推出了世界一流的空中服务，用漂亮、温柔、体贴的日本女郎招徕顾客。日本空姐，成了他们的摇钱树。

这一招果然不同寻常。旅客们进了日本航班，立刻有宾至如归的感觉。一路上，空姐们一遍遍端来各种饮料、食品；哪位旅客不适，她们便像大医院的护士一样尽心服侍；任凭旅客们如何烦躁，她们一律笑容满面，道一声："嗨依！"。所以，在所有的国际航班中，日本航班又成了旅客们首选的航班。

这一天，大和航空公司1074航班正要从伦敦飞往纽约。在起飞前10分钟，舷梯旁出现了最后两位旅客。一位衣着朴素的中年妇女，面色平静地跟在一位老太太身后，想搀扶老人登上舷梯。"别烦我，露意丝！"老太太嗓门倒不小，"这世界上什么事能难倒我？不就是飞机吗？它比海舱小得多了！"

看老太太那身过时了的皇族打扮，又听到她那骄横的话语，站在机舱门口的两位日本空姐交换了一个眼色，这恐怕是位难伺候的客人。但她们立刻微笑着躬身鞠了一躬，用纯正的英语道了一声："请！"让老太太昂着头进了机舱。

果然不出空姐们所料，老太太在飞机刚刚升空后，情绪立即激动起来。别的乘客都安静地坐在自己的座位上，她却要同来的女仆扶她起来，说要在飞机里走走，试一试浮在空中行走是什么滋味。女仆尴尬地嗫嚅着："夫人，这恐怕是……""别说啦！"老太太突然暴怒起来，"别人都怕乘飞机，说在飞机上最不安全，我偏不信，我偏要乘一趟给他们瞧瞧，什么才是最勇敢的英国贵族。"说完，独自一个人站了起来，在机舱走道里来来回回走个不停，惹得乘客们都朝她行注目礼。

空姐栗良洋子看到自己负责的区域出了问题，立即从准备间走了出来，提前供应乘客饮料。机舱里的乘客立刻安定下来，纷纷向栗良洋子索取自己需要的饮料，那位皇室老太太也只得回到自己座位上，让饮料车从通道中通过。

栗良洋子笑眯眯地推着车来到老太太座位旁，问她要什么饮料。老太太横了空姐一眼，干巴巴回了一句："每样你都留下一杯吧。"这句话一出口，栗良洋子倒没表现什么惊讶来，周围的旅客却个个睁大了双眼，眼睁睁瞧着空姐把桔子汁、可口可乐、蕃茄汁等等一杯杯放到老太太身前的小桌子上，摆得满满的，有几位旅客还苦笑着摇了摇脑袋。

老太太取过最边上的一杯可口可乐，喝了一口。饮料刚入口，她猛地喷出来，大吵大嚷："这是什么东西？简直难喝死了，你们真该死！"说着，双手乱舞，把桌子上的饮料扫得一地。四周立即传出一阵惊呼，都替栗良洋子抱不平，看她如何处置。

栗良洋子依旧笑眯眯的，迅速打扫着狼藉满地的饮料杯。不料老太太大发脾气之余，哮喘病突然发作起来，一阵干咳之后，又呕吐起来，吓得栗良洋子立刻扔下手里的活，上前帮女仆替老太太捶背、按摩，又取出一个清洁袋，让老太太把一肚子脏物吐在袋中。机舱里发生了事情，其他的空姐一齐拥来，扫地的扫地，唤医生的唤医生，忙了好一会儿，才算停当。

老太太呕得翻肠倒胃，总算在医生帮助下安定下来。可是刚刚歇息了一会儿，她突然大叫起来："我的假牙！我的假牙！"忙着俯下身去，满地乱摸，可是，地上的一切都被打扫干净了，哪里还有什么假牙？她这副假牙是伦敦最著名的牙医所配，现在已经身在飞往美国的航班上，叫她哪里去再配相同的一副？

栗良洋子听到机舱里又有了动静，立即赶来，听清原委，立即来到飞机的垃圾柜前，在垃圾堆里一层层翻找起来。直找到垃圾堆的底层，才找到了那副英国老太太视为至宝的假牙。栗良洋子立刻把它洗净，送到机舱，还给英国老太太。

几经折腾，英国老太太才觉得飞机并不是自己的庄园，自己要去的地方也不是可以卖皇室身份资格的英国伦敦，再要随心所欲，恐怕会闹出更多的笑话来。况且，这日本航班的空姐真够耐心的，人又机灵，比自己庄园的女仆们不知高明多少倍。所以，当飞机降落后，她在离开前一定要见栗良洋子，打听一下从美国飞回英国的航班时间，她一定要乘那次航班回英国。

出租车司机

二十世纪五十年代末，亚太地区的四小龙正处于腾飞前夕，世界上不少大企业都瞄准了这些经济即将发生奇迹的热点，把自己的资金、技术投入这些国家和地区。澳大利亚悉尼一家公司也不甘落后，派了自己的对外业务经理亨德尔先生到汉城去开拓市场，此行若是成功，公司将在整个六十年代获得极大的利益。可以说，亨德尔先生汉城之行，寄托着公司董事会莫大的希望。

可是，当班机在汉城降落，亨德尔先生便遭到了麻烦。他的随员爱默生在取行李时发觉少了一件，好不容易找到那个包，跨出机场大楼，却找不到一辆出租车。既然旅客们都已走散，司机们当然不会呆在这儿浪费时间，真让人不知如何是好。看来这次来韩国实在不是时候。

两个人在广场足足等了十分钟，又去问讯处打听了一番。问讯处的小姐支支吾吾半日，才告诉亨德尔他们，从昨天开始，汉城的学生上街游行，市里正闹得凶，出租车恐怕要在两个小时后才会来。亨德尔摇了摇头：唉，既来之，则安之，只能在这儿等待了。

正在此时，远远的公路上驶来了一辆老式的出租车，广场上就只剩亨德尔先生两个，那车当然是朝他们直驶而来的。司机麻利地把车停到两人身前，打开车门，还用英语道了句："真对不起，让两位久候了。"有车总比没车强，亨德尔两个立即坐上了出租车。

爱默生是公司一位得力的雇员，他大约忘不了上次在东南亚某国挨出租车司机宰的经历，抢着挤进了司机旁的座位。车一开动，便盯着车前的计程器。还好，司机在起动后，规规矩矩开启了计程器，那计程器也规规矩矩地跳着数字，只要它运转正常，等到了饭店，按计程器的里数付款，总不致吃亏。

爱默生胸中一块石头刚刚落地，车子便进了市区。果然，大街上学生正在示威游行。防暴警察密密麻麻排列在街道两旁。学生们举着拳头，喊着口号。亨德尔先生知道，学生们反对的是美国人，可是，自己和爱默生也是蓝眼黄头发的西方人，万一被当作美国人或美国人的同党，就会引起不必要的麻烦，他可不愿卷入一场外交纠纷，便对司机说："去饭店有没有另一条路？我们还是绕道去吧？"司机理解地点了点头，立即转入了一条岔道。

可是，出租车刚转过两个弯，又戛然刹住了。司机一回头，对亨德尔先生说了声："对不起。"便慢慢开始倒车。亨德尔看到，车前赫然树着一块木牌，上面写着："前方施工，请绕道。"

亨德尔说了声没关系便不再理会这件事了。他知道，凡是经济即将起飞的地区，头一件标志便是到处建楼房，拓宽马路，交通混乱是难免的。他只希望这位司机对道路熟悉一点，免得走冤枉路。

亨德尔的担心不是多余的。这个年代，整个汉城简直像个大大的建筑工地，各个建筑工程队只顾自己的建筑速度，道路通不通与他们全无关，只要竖一块"对不起"的牌子，就以为万事大吉了。那位出租车司机眉头越皱越紧，紧张地搜索着前方，远远看到道路可能不通，便转过车头另找通路。

坐在前座的爱默生也紧锁了眉头，他关心的依然是计程器。车子在街道上左拐右拐，那计程器上的公里数当然越来越大。对汉城他又不熟悉，说不出究竟该走哪条路，当然只能把钱袋交给司机去处理了。到后来，他也不再关心计程器了，只盼汽车早一点到达预订好房间的饭店。

出租车终于停下了。从车窗往外看，这一条街道十分平静，车来车往，接连不断。大约这里只是商业区，游行的学生不想来这里。亨德尔安下心来，开始盘算如何加快谈判和签订合同的速度，争取早日离开这是非之地。

司机迅速下了车，恭敬地打开后车门，让亨德尔下车。临下车时，亨德尔跟爱默生不约而同瞟了司机座位旁的计程器一眼。咦，那计程器上，明明白白地显示着，这一趟弯弯曲曲的里程，居然只开了零公里。

这是怎么回事？司机在什么时候把计程器复原到起始状态了？爱默生忍不住问司机："先生，这车费究竟怎么算？"司机已经打开了司机座旁的车门，回头朝亨德尔二人鞠了一躬："十分对不起，先生！由于我对街道生疏，耽误了二位宝贵的时间，按照我们公司的规矩，这车费我不能收。如果二位还有什么意见，请跟我们公司联系，我们一定会给二位满意的答复。"说毕，他一头钻进了出租车。

这可不行，亨德尔先生是一位办事认真的绅士，坐了车怎能不付钱？况且今天这事也不能怪司机呀！街道这么混乱，谁也不能保证不绕道。他立即掏出钱包，抽出一张钞票，走上几步，要递给正在发动汽车的司机。

司机大声说："先生，这钱我不能收。别坏了我们的规矩。"说罢，挥了挥手，开动汽车离开了饭店。这时候，爱默生才想起来记下出租车的车号。可惜那车旧了点，牌照也不甚清楚，只瞧着尾部车牌最末三个字。他不禁想，韩国之所以会有这么快的发展，恐怕跟像这位司机一样千千万万的普通员工有关，有这样办事认真的人，什么奇迹都能创造。

为了顾客的信赖

自从大生产开始占有主要地位之后，跟生产有关的各种服务行业也开始兴盛起来，其中最大的一项便是运输。无论生产的原材料，还是机器，或者是产品，都要有人运输。在码头、在车站，出现了各式各样的脚夫，挑担的、推车的，后来发展成开着汽车送货的，争夺着市场，争夺着顾客。

说也怪，当自己干的这一行成为社会需要的时候，有的人只会乐观地看到自己的社会价值，看到顾客对自己的渴求，往往忽略了自身如何去满足顾客。不是吗？你要我给你运货，那就得听我的，别管我那么多。

于是，在运输业繁荣的码头车站，便出现了一批不拘小节的运输工。他们用一块白布缠起满头乱发，白布上写着自己的姓名和运输组织的名字，衣服随随便便披着，腰间兜着个大链，脚上穿一双凉鞋，让大脚拇指都放肆地暴露在外面。嘴里叼着根烟，肆无忌惮地拉着客，仿佛谁都应该做成他的生意似的。

就在这种没规没矩的阶段，佐川清从北海道来到东京，当上一名脚夫。开始的时候，他只能给过往客商搬运行李，后来，他学会了驾车，还只是搬运一些小笔货物。但他已经察觉到整个运输行业存在着很多问题，他想，一旦能够把这些各自为政的搬运夫们组织起来，就能改变这种不正常的现象。

佐川清认为，运输行业从根本上来说，是一种服务性的行业。顾客的需要是第一位的，满足顾客的需要是搬运夫们的天职。他的这种信念，终于有了实践的机会。

那是一天下午，衣冠端正的佐川清在码头接待了一位货主。两人一照面，货主便径直对他说："我的东西很重，能搬运吗？"从表面看，身材不高的佐川清确实不像那些五大三粗的搬运夫那么有力，货主不得不有这么一种担心，万一佐川清担当不起，就会耽误了时间。

换了另一位搬运夫，听到这种不够信任的话，至少会问上一句："您那货物到底有多重？"然后表示自己完全有能力胜任。不客气的人还会自吹自擂一番，对货主的货物表现出不屑一顾的模样。而佐川清只是说了声："行！愿意为您效劳。"便跟着看货去了。

货主的货物确实沉，而且个儿特别大。按佐川清现有的运输能力，他确实无法胜任这一笔业务。但是，佐川清既然有志于组织好整个运输行业，当然不肯服输。他立即连络好了几位搬运工，并且去联系起重设备。虽然这次搬运任务完成后，扣除他请来的人的费用，佐川清的收入便微乎其微了。货主很满意，佐川清更满意。这笔业务他所得到的不是金钱，而是宝贵的经验和难以用金钱买到的名声。

渐渐地，佐川清凭着他坚韧不拔的精神，凭着对顾客的认真服务，成为东京主要的搬运公司之一的经理。他的公司成立之后，他替自己定下的第一项任务，便是彻底改变搬运工人在货主眼中的形象。

佐川清听取了各方面的意见，规定了"佐川人"仪容的五条规定：不许留长发；不穿凉鞋，皮鞋要擦亮；穿公司统一缝制的工作服，上衣下摆要束进腰带；保持外表整洁；把公司和车子的牌号挂在显眼的地方。

当时，运输货物已经以汽车为主了，佐川清的这些要求，对每一名司机来说并不是难事。关键在于树立公司良好的形象。司机们必须改变粗俗的坏习惯，佐川公司全体司机形象的改变，立刻受到广大货主的欢迎，"佐川人"这个司机们引以自豪的称呼，立刻在所有的顾客中喊响了。

仪表的改变，只是佐川清要建立的外表形象。佐川清要求的，还有更重要的一方面：全体职工必须时时处处、诚心诚意地扩展自己的业务，决不能因为自身的原因，放弃任何一个能为货主服务的机会。

一天夜晚，已经是10点钟了，佐川清正准备离开公司。他来到值班处，听到值班员正在接一个电话。有位货主打电话来，要佐川公司去搬运一批急运货物。接电话的员工婉言拒绝："按公司规定，我们运货的时间到晚上七点为止，很抱歉，明天一早我们一定派车。"

佐川清抢上前去，夺过电话，大声叫道："先生，刚才说的不对，您要运的货我们马上派车去，十五分钟之后，我们的车子一定开到运货点，佐川公司全天为您服务，保证您满意。"

经理下了命令，值班室立即忙碌起来。没多久，运货的车就到达指定地点。这件事使货主十分满意，他一连打了三个电话，其他公司都嫌天太晚了，没能接下业务，只有佐川公司真正做到了全天服务。这件事在佐川公司内部也发生了深刻的影响，全体员工从经理的举动中，认识到了怎样做才算是诚心诚意的服务态度。

佐川公司的业务迅速地增加，不久便成为日本最大的货运公司。佐川清在谈到运输业发展的历史时说："我们的成功只有一条经验：经常站在顾客立场上，诚心诚意接受托付，你就能获得货主十二分的信赖。"

侍者的劝告

大野隆夫随父母从日本的北海道搬到了大阪，成了大阪高中二年级的学生。第一天上课，大野隆夫便注意到了一双亮晶晶的眼睛，那是坐在他斜对面的小泉由美，也是班上成绩最好的学生。

大野隆夫发现自己喜欢上了小泉由美，因为，每当他躺在床上想到小泉由美时，就兴奋地等着天快快亮，因为天亮了他就可去上学，只有在学校里他才能和小泉由美见面。但是当她真的就在自己面前时，大野隆夫却又显得胆怯、拘谨，不知所措。

善解人意的小泉由美，也察觉到了大野隆夫的紧张不安，她不断的设法让大野隆夫活泼起来，或让大野隆夫感到他是自己的保护人，而大野隆夫的自信心由此也坚定起来了。

终于，大野隆夫鼓起了勇气，开始定期地邀请小泉由美去游泳或去冷饮店。一切都朝着顺利的方向发展,直到有一天小泉由美告诉大野隆夫，她对去冷饮店这种地方已经感到厌倦了，因为那是小孩子去的地方，她要正正经经地出去约会一次，去成年人才去的地方，像她姐姐一样去喝一杯香槟酒。

从那天起，大野隆夫开始存钱了。当钱终于存够了，大野隆夫带着小泉由美来到城里最好的一座酒吧。那儿富丽堂皇，婉转动人的音乐在低声地围绕着他们，侍者们悄无声息地来回走动。

大野隆夫觉得在这种高雅、朦胧的地方，心跳不由地加快了，胃也莫名其妙地作起怪来。

当大野隆夫和小泉由美在一张小桌旁就座后，大野隆夫紧张起来，他不得不集中精神，以免他和小泉由美在大庭广众之下出丑。他干咳了几声，终于鼓足勇气喊道："嗨，侍者！"

大野隆夫学起了电影里的美国人，不过他的声音因为紧张有些颤抖。侍者很快便过来了，这是一位上了年纪的侍者，两边的鬓角已经灰白，有一双亲切的眼睛。

侍者递给大野隆夫一本菜单，然后在一旁静静地等候着。

大野隆夫翻了翻菜单，发现这儿的消费水平十分高，一杯香槟酒就要三十块钱，够喝十瓶汽水了。他在心里对自己说，幸亏多带了些钱来，不然就出丑了。他抬起头来看了侍者一眼。

侍者马上礼貌地躬下身，问道："先生，请问二位吃些什么？"

大野隆夫用尽可能无所谓的口气说道："嗯，请给我们来一瓶香槟酒吧！赶快。"

侍者深深地看了大野隆夫一眼，然后默默地弯下腰，认真和严肃地重复道："一瓶香槟酒，赶快！"

大野隆夫轻轻地松了口气，他发现那位侍者是尊重他们的，因为在他的脸上没有一丝讽刺的笑容。看来，自己和小泉由美换上了大人们穿的西服和长裙是对的，周围的人都把他们看作是成年人。不管怎样，他们已经 17 岁了。

侍者很快便回来了，他用熟练的动作打开了一块用雪白的餐巾裹着的酒瓶。然后，把冒着珍珠般泡沫的饮料倒进杯子里。

这一切实在是太美妙了，大野隆夫觉得自己仿佛置身在另一个世界里。他举起酒杯对小泉由美说："来，为我们的明天干杯！"

当喝第二杯的时候，大野隆夫偷偷拉住了小泉由美的手，她没有抽回去。这香槟酒实在太棒了。小泉由美说她已经醉了，而大野隆夫觉得自己也是浑身发热。

在不知不觉中，酒已经喝完了。大野隆夫多么想再要一瓶，他偷偷望了一眼酒的价格，哦，看来不行了。

于是大野隆夫便大声喊道："快来结帐，侍者先生！"

话一出口，大野隆夫自己也吓了一跳，他被自己的大胆感到吃惊，但又觉得十分骄傲。

侍者来了，他把帐单放在一个银盘子里，默默地将帐单挪到桌上，然后站在一边。

大野隆夫拿过帐单，发现上面有一行字，写着："一瓶汽水加服务费共计6块钱。"下面还有一行字，写道："孩子，原谅我，你们尚未成年，不能喝酒。但我不想扫你们的兴，所以擅自给你们换了瓶汽水，希望你们不要怪我。你们的侍者。"

大野隆夫抬起头来，发现侍者正在对他微笑，他对侍者投去感激的一瞥。然后将六块钱放进了银盘子里。

当他们离开的时候，侍者把他们送到门口，然后说了句："欢迎以后再来！"

大野隆夫跟侍者相视一笑，然后带着小泉由美一同离开了。

在回去的路上，他由衷地对小泉由美说："这是我平生第一次喝香槟，没想到会这么愉快。"

小泉由美也说道："我也一样，真的！"

这位令人感动的侍者，不仅是位具有职业道德的人，而且是位充满爱心，品德高尚的人。

为了公司的信誉

在刚满三十岁的时候，李运才被公司提升为销售部门的一名负责人。专管东南亚地区的事务。他由一名普通的工人，随着公司的扩大成为成品检验员，然后到今天这个位置，可以说是由蓝领人变成为白领人，走过了人生道路上最大的转折点。在华人占多数的新加坡,用中国的一句话说，这叫做“三十而立”，真是大吉大利的喜事。

他之所以得到公司董事会的青睐，完全是因为最近从日本退回来了一批货。严格又刁钻的日本人在抽样检查中，发觉有明显不符合合同要求的产品，一怒之下，把全部货单扔给了销售部门。董事长为此比日本人更愤怒，立即下令清查全部退货，追查是哪个检验员没把好关。清查报告列举了所有检验员过手货物的情况，结果只有李运才的货没有质量问题。于是，他便被委以重任，作为对认真负责的职工的鼓励。

李运才走马上任，第一天便遇上了麻烦。刚刚上班，一位怒气冲冲的老太太就找上门来,把一叠文件夹扔到李运才桌上。扯开高分贝的嗓音,把公司的产品说得一无是处。李运才赔着笑脸，听完她的斥责，把那些文件夹检查了一遍，发觉弹簧确实软了一点，不能像这位当地小学校长要求的那样，夹上更厚的文件。他答应那位挑剔的校长，一定派人如数送上新的文件夹,换回他们小学买去的一百个文件夹。又当面说了许多好话,感谢她对公司的关心，希望今后加强联络等等。那位老太太才满意地离开了办公室，临走前，留下了自己的名片，听说李运才刚刚上任，还抄下了他桌上的电话号码。

一百个文件夹，在公司的账上，只是小得不能再小的数目，写字间里两个女职员没有一个不把嘴角撇得高高的。可是，李运才觉得，只要让顾客满意，受点委屈算不了什么。不这么处理，今后会得罪更多、更大的主顾，那才得不偿失呢。他劝那两个撇嘴的小姐，今后在有顾客的时候，千万别做出不得体的表情，以免坏了事。还真的有那么一点“新官上任”的味道呢。

这“新官”真是盐酱嘴，说什么就中什么。一个星期之后，香港的一位中间商便打来了长途电话，说一个月前发给他的一批货，德国的买主一件件看过，结果退回来三分之一。他请公司赶快把正品发给德国的某家商场，否则他承担不了损失，只得改做别的买卖了。

真是祸不单行哪！接连碰到的都是刁钻的顾客，德国人办事的认真劲，那是举世闻名的。看来这“官位”还真难坐，得罪公司的人且不说，就是那些应该当作“上帝”的顾客们也实在难以应付。

上次那两位因为表情太丰富挨训的小姐，这一次学了个乖，听完了电话，她们露出漠然的神态，既不高兴也不气愤。可是，香港客商退货的消息，没等吃完中饭，写字楼从上到下都知道了，好多人都在冷眼看着这位新上任的勤奋标兵如何处理。

第一个来找李运才的是他过去的师傅。老头劝这位得意弟子：“货是你上任前发的，关你什么事？这可不是一百个文件夹的事呀，款项可不小，一不小心还会得罪许多人。我看你还是去找总经理，怎么办由他作主，千万不要自作主张。”

李运才笑了笑：“处理退货是我的事，对总经理我只能说造成退货的原因。弄砸了大不了我再到您那儿去敲钉子，是不是？”老人熟悉自己徒弟的脾气，知道再劝也无用，对李运才说的也十分赞同，拍了拍徒弟的肩膀，一声不吭地走了。

李运才自己也没料到，第二个来找他的竟是总经理本人。总经理瞧了李运才一眼，问他如何处理香港退货的问题。李运才毫不迟疑，立刻把自己的想法说了出来：“我想带着货亲自去香港一趟，瞧一瞧那些退货究竟是怎么回事，再由他们把货发往德国。一切经过回来后向您汇报。”

总经理笑眯眯问他：“你为什么要把事情弄得这么复杂？不过是十几万元的货，把货发掉算了，去一趟香港也要花不少钱呢。”说完，总经理的目光又扫到李运才脸上，瞧他怎么回答。

李运才不慌不忙回答：“俗话说，商场如战场，我们不能凭一个电话便发货。再说，那批次品也该追回来，因为时间久了，就无法查清事故的原因，我去后还可以当面向顾客说明原委，表示我们的歉意。这一切都是为了维护公司的信誉，到香港去这笔路费花得还是值得的。请总经理决断。”

“好！”总经理一拍办公桌，从椅子上站了起来，“你说得有道理，明天你就去一趟香港，回来向我直接报告。”然后，总经理环顾了一下四周的工作人员：“你们听听，这才是我公司称职的职员。今后，销售部门要多听听李先生的意见。”

“火车”冲出城外

这事发生在印度的海德拉巴市。

那天一早，卡车司机费萨尔将自己那辆擦洗得干干净净的大卡车，按照昨天下午的通知，开到了莫卡纳大街的环形仓库面前。

仓库大门还关得紧紧的，屋里不像有人。

“喂，屋里有人吗？”费萨尔拉开嗓子大叫，“装货来了！”

叫到第九声，屋里才有动静。

接着，一个头发乱蓬蓬的大胡子，从屋里探出脑袋，没好气地说：“干什么干什么？你以为这儿的人个个是聋子不成，干嘛大呼小叫？”

费萨尔笑嘻嘻道：“幸亏不是聋子，我才叫了9声；若是聋子，准得叫90声。——跟你说，运货来了，准备好了没有？”

那人道：“什么货？你拿提货单来！”

费萨尔从衣袋里取出提货单，递给了他。

这家伙显然昨晚喝了过多的酒，一觉睡到现在。他去用冷水洗了好一会，才有点醒过来。

他朝提货单看了半天，这才磨磨蹭蹭地让费萨尔倒车进去，然后将一桶一桶酒精往车上装。

照说，装车自有搬运工人，不料今天一个也没有，也不知他们上哪儿去了。就这两件事，可见这个仓库的管理混乱到了什么程度。

费萨尔没奈何，只好帮着那个哼哼唧唧、拖拖拉拉的仓库管理员，将货一一装上车。货装到后来，费萨尔倒成了主角，而这位管理员却成了帮手，你说气人不气人？

等到货物装齐，已是日高三竿，费萨尔小心翼翼地开车出来，然后拨转车头，直朝城外开去。

他要将这些酒精运到另一个城的大仓库里去，被这醉鬼这么一耽搁，怕得天黑了才能回家。

他心知酒精是件易燃易爆的货物，原来规定只有在早晨或夜里开，免得稍一不慎误伤了路人。可是今天时间被耽搁了。

费萨尔时不时的按着喇叭，时速绝不超过30公里，慢吞吞地在大街上行驶，这段大街长约5公里，驶出了这段路，出了城，即使出了事，行人已经稀少。

然而，人算哪及天算？才开到大街中央，前面便来了个莽撞鬼，开着一辆小汽车直朝着他撞过来。费萨尔立即拨转车头让它。就这么一让，卡车上的酒精出了事。可能是那个醉鬼装车时，没有将桶的底部放稳妥，也可能是这只桶盖子压根儿没有旋紧，总之，酒精溢出了许多，加上两桶一擦，擦出了火花，酒精马上点着了。

酒精的易燃与汽油不相上下，“轰”的一声，立即起火。

路上人看见即刻大喊：“不好了，卡车上起火了，司机快快跳车！——喂，喂，小伙子，是在叫你呢，你的车上起火了，赶快跳车逃生吧！”

费萨尔听到一片叫喊声，起先还以为不是叫他，看人家点着他的鼻子，这才停下车来，往后一看，天，车上已是一片火。

他一时慌了神，打开驾驶室门，一跃下了车，撒腿就跑。

刚刚跑出十来步，见路人四散逃走。心想，车上全是酒精，火势一猛，等会儿势必爆炸，满满一车的酒精爆炸起来，活像一颗大炸弹。啊呀，不对，车子边上正好是个百货公司，里面人多，万一爆炸，死伤无数，得马上开出城外。

费萨尔一跃上车，驾驶室里已经热烘烘的，爆炸随时可能发生。他一面按响喇叭，一面加快车速，向城外开去。

果然，人们见这么一辆真正的“火车”开来，哪有不躲闪的？一起闪到一边，犹恐避之不及。

费萨尔将车速提到70公里，飞一般冲出城去。这时的火势已是越烧越猛，伴着一声爆炸，又一桶酒精散了架，火势更加猛烈，连驾驶室也烧着了。

费萨尔已经顾不得自己的死活，一路喇叭长鸣，飞冲出去。

才出城门，他打开驾驶室门，脚下一个急刹车，自己跳入路边的河中。人还未沉到河底，大地似乎在震动，整辆车子爆炸了。

救上来的费萨尔除了两个脚掌未被烧焦，已是体无完肤、惨不忍睹。

就在他躺在医院里抢救的那些日子里，他的病房外天天堆满了鲜花……

老兵乌姆尔

1977年秋季的一天下午，土耳其首都安卡拉郊区的一个军用机场上，一架跳伞训练机飞上了蓝天。这架训练机上有十名伞兵,其中两名是老兵，他俩是来为另外八名新兵作示范动作的。

当飞机上升到近千米的高空时，第一个老兵示范着跳了下去，接着一连跳下去七个新兵，动作都很合乎要求。第二名老兵名叫乌姆尔，他对最后一个新兵科洛吉说："怎么样？你先跳，还是我先跳？"

科洛吉仍然很紧张，说："你先跳吧，我再看一遍。"

乌姆尔点点头,又解释了一遍跳伞要领,就"刷"地从舱门口跳了出去，五秒钟后揿动开伞键，白色的降落伞一下子就从头顶上撑开来，带着他稳稳地降向地面。

当乌姆尔悠闲地抬头去望科洛吉的时候，却惊讶地发现，他竟然把跳伞要领的关键之处搞颠倒了。

原来，揿动开伞键的时间十分关键，揿迟了，人会像石头一样高速冲向地面；揿早了，降落伞会在离机前就打开，跳伞人很可能被挂在机舱口。科洛吉现在犯的正是后一个错误，他人还没有完全离开机舱，降落伞却从伞包里打着旋转被送了出来。

飞机涡轮螺旋桨形成的强气流将这顶庞大的降落伞呼呼向后吹去，眨眼间，降落伞被牢牢地挂在飞机的尾翼上，科洛吉竟被吊在空中，上不得，下不得，被飞机拖着"飞行"。

情况万分危急！驾驶员也发现了尾翼上挂着人，千方百计保持飞机的平衡。他火速将这一情况报告机场，请地面尽快找出解救办法。

地面指挥塔顿时乱成一团。军官们知道，如果让飞机马上着陆，飞机可以保住安全，但科洛吉会在跑道上被拖得血肉模糊；如果半小时内想不出可靠的解救方案，训练机的燃油要耗光，机毁人亡将不可避免。

这时，挂在空中的新兵科洛吉也在左右牵动降落伞的尼龙绳，但也没法将它从尾翼上扯下来。他真后悔没带上一把匕首，否则，他宁可自己摔死，也不会连累训练机和机上人员。

怎么办？怎么办？人们全都急得团团转，谁也想不出解救办法。

正当大家束手无策时，刚刚落地的乌姆尔找到了指挥官皮兹卡，对他说："我希望立刻乘一架训练机上天，我有办法将科洛吉救出来！"

皮兹卡皱着眉听完了乌姆尔的设想，沉思了半分钟，终于说："除了这个办法，恐怕谁也救不了他，你快去准备吧！"

不一会儿，又一架训练机载着乌姆尔腾空而起，飞到了出事飞机的上方，与它保持着同步飞行。

等飞机完全飞稳后，乌姆尔从舱门望下去，只见科洛吉还在尾翼下面左右摇晃着，他叹了口气，自言自语道："新兵新兵，只知保命！在飞机内就打开降落伞，简直是玩命！"

乌姆尔带着一大捆双料尼龙绳，一头系在机舱内，一头系在自己腰里，请另一位老兵在舱内随时为他放绳。飞机慢慢降低高度，乌姆尔喊了一声"好"，就飞身跳出训练机。

那位老兵控制着吊绳，将乌姆尔一点一点朝下放。不一会儿，乌姆尔就觉得脚已踏到了坚实的尾翼上，他尽力晃动了一下绳索，让那位老兵将尼龙绳保持不紧不松状态。

科洛吉降落伞上那根倒霉的尼龙绳正挂在乌姆尔的脚边，他毫不犹豫地掏出匕首，"嚓"地一下把它割断了。

这时，科洛吉一下子失去了平衡，在空中翻了几个筋斗，朝地面坠去。地面上的人都惊叫起来："他的腿套在尼龙绳里了！"

说时迟那时快，只见乌姆尔一下子解开拴在自己腰里的绳子，像跳水一样从尾翼上直朝科洛吉方向扑去。

不一会儿，他就在半空中抱住了新兵的腰，同时“叭”地一声，揿动了自己的开伞键。

“呼”的一声，乌姆尔背上的双料伞包打开了，一顶大型降落伞及时撑开，立刻减缓了他们坠落的速度。

科洛吉一下子也回过神来，在乌姆尔的帮助下，很快将腿从缠住的尼龙绳里脱了出来。这时，两顶降落伞分开了，平安地落到地面，新兵科洛吉得救了。

好生意

早上七点，来自美国的保尔正在南非首都约翰内斯堡。出租汽车公司第二次打电话来，说他们找不到他的住处。保尔只得把方位、路线再详细地告诉他们，心想再笨的司机也会找到这里的。他扫了一眼手表，焦急地等着出租车的到来。他要乘坐的飞机两小时后就要从约翰内斯堡起飞了，而其住处距机场却有一个半小时的路程。

外面大雨滂沱，保尔住的那间屋子依山坡而建，大雨仿佛要将它冲垮。此地远离市区，公共汽车每天只有三班，可是，保尔知道，此时后悔已晚，咒骂千遍也没有用。

电话铃又响了，调度员说："万分抱歉。"

现在保尔明白了，此时出租汽车公司的生意一定很好，为了利润，他们只接市内生意，就像保尔所在城市的某些出租车公司那样。而在天气恶劣时，这种情况尤甚。

保尔怒不可遏，对着电话机大喊大叫"我要去赶班机——我必须在中午时分抵达伦敦，即使派车在几百米外的月河桥上等我，我也愿意冒雨冲过去！"

话筒那头似乎有一阵犹豫，但最终，调度员除了道歉，还是不能承诺什么。

摔下听筒，保尔开门，站在屋檐下，雨水淋湿了他的外衣。他注视着山坡下的路面，偶尔有几辆货车驶过，而出租车，则连影子也没有。

保尔不得不撑着伞拎着皮箱走出来，准备沿途搭便车。一辆轿车驶过来，司机和车上的旅客好奇地打量着保尔这位神经似乎错乱而又衣着体面的外国人对他们作手势，却没有停下来。

这时，从前方驶来一辆白色奔驰车，在保尔身边戛然而止，一位黑人小伙子推开车门，招手叫保尔快进车里去。

保尔满腹疑惑，但还是感激地拍拍身上的水花，坐进车里。

保尔坐定之后，那小伙子仿佛知道保尔的疑问，回头用谦恭的语调说，“我就是你今天上午叫过三次的调度员……”

“哦！”保尔有些明白了，他虽然仍有些生气，但毕竟人家已经赶过来了，他也不好说什么。

“实在对不起，今天上午我们非常非常忙……”小伙子不时地擦擦额头上的汗珠，不停地道歉。说实话，保尔几乎不停地穿梭于各大洲，对各国风情的了解也不算少了，可像这小伙子的这种道歉法，恐怕连日本人也自叹不如吧？

密密的雨点砸在车窗上，发出响声，奔驰车车如其名，风驰电掣般地向机场冲去。

望着窗外迅速后退的景物，保尔忽而又想到了一个问题：这辆奔驰不是出租车！就是说这位调度员用的不是公司的车。

保尔不禁问：“你们公司的生意肯定很好啰。”

小伙子顿了顿，然后才慢吞吞道：“哦，生意，还可以。不过，现在各出租公司间竞争很激烈。”

保尔转过脸看看身旁的这位司机，只觉他脸涨得通红，似有些尴尬，深谙人情世故的保尔也没有追问下去。

“不过，今天公司真的很忙很忙，为了让您赶上班机，我是暂时放下工作，开私车来载您的。”小伙子又急急补充道。

保尔忍不住笑着说：“行了，行了，我知道你们今天很忙，我早已接受了你的道歉了。”

听到此言，小伙子也不好意思地笑起来。

两小时后，保尔已非常舒适地坐在波音 737 飞机的座位上。由于大雨，飞机延迟起飞。

还好，还好，总算顺利。漂亮的空姐送来当天的报纸，保尔和平常一样，不经意浏览了一遍。忽然，在第2版，他的眼睛扫到一则标题：约翰内斯堡快速出租公司今晨开始罢工。

“快速出租公司”，不就是自己预约的那一家吗？至此，保尔才明白了那小伙子的苦衷及他一个劲地道歉的原因，再回想刚才车上的气氛，保尔感叹道：“这可真难为他了！”

想着想着，他不由自主地从口袋里掏出那小伙子递给他的名片……

当奔驰车提前30分钟到达机场时，保尔心中的大石头总算落地，正准备掏钱，那小伙子摆摆手，诚恳地说：“先生，这是我们公司的责任，好在现在按时赶到了，我才放心，但我们的服务不能令您满意，这一趟，就算是对您的补偿吧！”

“可这毕竟是你的私车呀！”从精明的生意人的眼光来看，保尔觉得小伙子这回可亏了，时间、精力、以及汽油的消耗。

可是，小伙子一再坚持，保尔也只得作罢。最后，小伙子把自己的名片递给保尔，说道：“下次来，要用车时还请叫我们公司，我们一定会努力向您提供最优的服务……”

波音737穿过云层，稳稳地向目的地进发。保尔闭上眼睛，心中充盈着一种前所未有的感觉，这叫什么精神呢，忠于职守？助人为乐？或者是言而有信？也许兼而有之吧。

保尔不由下定决心，只要下次再到约翰内斯堡，就一定乘他的车。

是啊，不管周围发生什么，想他人所想，急他人所急，这是放之四海而皆准的美德啊！

教授舍身做试验

1917 年，在南非开普敦大学生物系的一个教室里，一位德高望重的教授正在给学生们讲授传染病的历史。他讲到当年肆虐于欧洲大陆的鼠疫，讲到天花、霍乱，介绍了当年的先圣先哲们是如何战胜这些病害，替人类造福的。末了，教授换了一种口气，告诉大家，两百年来，在非洲和南美洲的热带丛林地区，一直流行着一种凶险的传染病。得病的人全身发黄，内脏出血，死亡率极高，波及面极广，而且这几种病都会流行。至今医学界尚未查出病毒是如何传播的，也不能及时阻断传染途径。老教授诚恳地对在座的学生们说：“非洲是受害最深的地区之一，扑灭这种传染病的责任，当然是落到你们的身上。努力吧，我的孩子们！”

教授的话打动了学子们的心。其中一位名叫马克思·蒂勒的小伙子，感受最深。他生于南非的比勒陀利亚一个白人家庭,从小受到良好的教育，有远大的抱负。从此以后，他便把征服这种恶性传染病作为了自己毕生的事业。

在开普敦大学生物系毕业后，蒂勒听说英国伦敦和美国的哈佛都设立了专门研究热带医学的系科，在那里有很多知名的学者在从事有关问题的研究。为了掌握世界最新的研究成果，他自费来到英国，在热带医学院半工半读，后来又争取到在哈佛大学热带医学系的工作机会，他又远涉重洋，来到美洲，一边工作，一边学习，前前后后花了三年时间，专攻被称为“黄热病”的这种恶性传染病。

三年过去了，可是蒂勒感到十分失望。那里的专家们远隔万水千山，没有人肯到黄热病蔓延的热带丛林里作深入的调查，他们的研究只是对这种病作一些病理上的分类，因为没有实地考察的记录，许多分析都模模糊糊，既找不到传染途径，更开不出医治良方。于是，蒂勒下决心，回非洲去，到恶疾蔓延的地方去，做一次扎扎实实的考察。

科学是崇尚事实的，科学考察是一切研究的基础，同时也是科学研究中最困难的部分。对黄热病的考察，更是难中之难。黄热病的疫区，几乎都是原始丛林，那里交通困难，瘴气笼罩，毒蛇猛兽出没，威胁着到那里的每一个人。在这样的地区工作，随时都有生命危险。

蒂勒知道，不做实地考察，不掌握第一手资料，是无法征服黄热病的。为了自己心中的愿望，为了同胞免遭病魔的威胁，他必须冒这个生命危险，去找到黄热病的病源，从而找出医治这种恶疾的办法。

在热带丛林辛勤工作了两年，蒂勒跟大量的病例接触，了解他们发病的经过，千方百计医治他们，终于积累起大量的第一手资料。带着这些资料，蒂勒回到开普敦，整理资料并做了大量的病理实验。他终于弄明白一个道理：非洲的黄热病是由当地的斑蚊传播的，斑蚊把病人的血带进健康人身体，病毒由血液迅速进入肝脏，导致黄疸和内出血，造成死亡。难怪这疾病传染得这么快，涉及面又如此广。

蒂勒的发现，给世界传染病防治的专家们一个信息，如果能阻断疾病传染的途径，不让传染黄热病病毒的斑蚊危害人类，不就能降伏病魔了吗？事实上，南美洲的专家们便是这么干的，他们在全美洲开展了灭蚊运动。

蒂勒能不能依葫芦画瓢，也来个灭蚊运动呢？结论是否定的。非洲有广大的农村，无论经济或者文化，都比较落后，根本没有办法实施那种规模浩大的活动。因此，蒂勒决定，要走防治天花、结核等传染病的路子，发明一种有效的黄热病疫苗。

要制造这种疫苗，关键在于试验。作为疫苗的病毒，虽然经过多代的培育会减轻它的毒性，但毕竟还是一种危害人体的病毒，稍一不慎，就会变成致病的毒药。况且，当时开普敦条件比较落后，无法以动物先进行试验，最直接、最有效的方法是招募志愿者进行个体试验。

为了准确掌握疫苗的浓度，蒂勒决定在自己身上做人体试验。有的助手自告奋勇，用自己代替蒂勒做试验。但是蒂勒笑笑说：“你们的生命和我的生命一样宝贵，而你们比我更年轻，未来的路更长。我对黄热病比你们更了解，更能控制它。我一定把试验的过程详细记录下来，万一失败了，你们可以继续试验下去。”

人体试验确实是危险的，在开头的几次试验中，有一次疫苗稀释浓度过高，被注射后的蒂勒立即有了黄热病的早期症状，他险些被死神夺去生命。幸亏他经验丰富，立即吩咐采取急救措施，才被抢救过来。还没等身体完全复原，蒂勒又投入了新的一轮试验。

经过一次次的失败，解决了一个个困难，蒂勒终于研制成了可用于人体注射的疫苗，这种称为17D黄热病疫苗的有效药物，使横行了两百多年的不治之症在发病前便被制服。直到现在，它依然是出入黄热病疫区人员必须注射的防治针剂。

蒂勒凭着他不惜一切的献身精神，两次跟死神擦肩而过。终于取得了事业的成功。他也因为对医药事业的重大贡献，成为非洲第一个诺贝尔医学奖的获得者。

尼雷尔和霍克斯

尼雷尔是坦桑尼亚总统，他出生于1922年，他的老家在马腊省府穆蒙马40公里外的布蒂亚玛村，父亲和大哥都是村里的酋长。坦桑尼亚独立之后，他担任了24年总统，为坦桑尼亚的发展做出了巨大的贡献，到1985年主动离开总统职位，他一生廉洁奉公，被称为非洲贤人。

20世纪60年代，尼雷尔到外地视察，看到广大的农村到处是衣不蔽体的穷人，他们还在使用远古时代的笨重工具，住着摩西时代的草屋。而当时美国人正准备把人类送到月球上去，这种反差也实在太大了，不能使他心中不着急。

于是，他决定在坦桑尼亚建立一种名叫乌贾马的社会主义农村组织，尽快改变贫穷、愚昧、落后的状况。乌贾马是非洲传统部落的共同生活的形式，每十几户人家为一个集体，共同劳动，共享收成。尼雷尔说服农民把家搬到一个靠近水源的村子里，除耕种私人土地之外，还要耕种集体的土地，以后逐渐取消私人土地，实现完全的公有制。很多人把它称作非洲民族社会主义道路。

可是，乌贾马计划并没给坦桑尼亚农村带来繁荣富裕，国家经济反而每况愈下。尼雷尔一时想不通其中的原因,因此经常为这件事苦恼万分。

这时候，他的小儿子霍克斯留学回国了。霍克斯在朝鲜和中国学的工科，回国后应该到工厂或部队当一名技术人员。但是，当儿子征求当总统的父亲的意见时，尼雷尔表情严肃地说：“我希望你回老家去务农。”霍克斯显然没想到父亲会这么安排,一下子楞住了。尼雷尔耐心地劝说他，告诉他乌贾马计划遇到了麻烦，现在要霍克斯去农村亲自实践一下，做细致的观察和调查，看看问题究竟出在哪里，这也是替国家解决困难。

霍克斯听完父亲语重心长的劝说，觉得这是对自己的考验，便答应下来，只在家中呆了几天，便要去老家务农。在临行时，在车站遇上了自己过去的好朋友比萨，比萨听说他要去务农，觉得不可思议。霍克斯只是憨厚地笑了笑，没说什么便上了车。

回到农村，霍克斯没有辜负父亲的厚望，他在农村推广新技术，使用农业机械，并动员农民成立自愿组织的合作社，很快当上了老家的村长，改变了老家的落后面貌。

霍克斯没有忘记父亲交代的任务。他抽空闲时间到各地调查，又总结自己担任村长的经验，找到了乌贾马计划的症结。他写信告诉父亲："乌贾马村把农民搬在一处，他们离开自己的地就太远了，现在没有先进的交通工具和农业机构，种起田来就非常不便，这便大大挫伤了农民种田的积极性。而且，那些共同劳动的公田，只会滋长平均主义和懒汉思想，有的村子还出现贪污盗窃现象。"他劝父亲把公田退还给农民，让农民按最合适的方式耕种和居住。

尼雷尔看了信，内心受到极大震动。他深深感到当时自己太过性急，沉不住气，这才犯了超越条件的错误，他立刻召集国家官员，纠正错误。

不久，霍克斯带着一家人回首都探望父亲，在车站上又遇到了老朋友比萨。比萨几乎认不出霍克斯了，他一遍遍打量霍克斯，激动地喃喃自语："你真的成了地地道道的农民了！"突然，他大喊起来："知道吗？他是尼雷尔的儿子！一个国家总统的儿子！出国留学，回来却当了农民。霍克斯，我现在才真正懂得你父亲为什么被称为非洲贤人了。"

兽医巴比库

莫桑比克独立之后，在野生动物聚集的地方筹建了一个自然保护区。在国际保护野生动物组织的帮助下，在大片原始森林之间，划出了一大片公园区，羚羊和斑马在草原奔驰，大象在林间漫步，狮子和猎豹隐伏在草丛中。人们可以在公路上乘车欣赏安宁平和的大自然本来面目。

经过几年的努力，自然保护区和公园体制逐渐完善。这时有了警卫队，负责保护游客和禁止偷猎；还从当地居民中培训了一批兽医，负责救助受了伤的珍稀动物；一座研究动物生态的研究所也建立起来，对自然生态的状况进行科学研究。这里成为世界闻名的生态保护区和旅游区。

在这样的地区，常常会发生一些意想不到的事故，上世纪七十年代中，一年的雨季刚过，公园里出现了一头疯象。它成天在森林边上游荡，这样的孤象是十分可怕的，它看到公路上游客的汽车，就昂起头，挥动长长的鼻子，扇动大耳朵，发出震天动地的示威吼声，接着便冲上公路，拼命追赶汽车，吓得司机拼命踩下油门开溜，要不是汽车逃得快，它那象牙几乎要掀翻汽车。

孤象四处游荡，到处生事。有一天走到公园一处哨所，警卫正好背着枪走出屋子，看到警卫身上的枪，大象又发起威来，吼叫着往哨所冲来。警卫急忙朝天开了一枪，本以为大象听到枪声一定会逃之夭夭，谁知大象听到枪声，闻到火药味，反而变得更加疯狂，吓得警卫就地一滚，爬起来，跳上一辆车子，拼命逃走了。那大象大吼着推倒岗亭，踩断警卫的枪，才吼叫着进了森林。

消息传到公园管理处，立刻引起一番争论。好多人认为这头象一定疯了，该把它杀死，否则会发生惨剧，对游客实在不利。好在保护区里象群很多，不在乎这一头孤象是死是生，公园的利益才高于一切。

但是，公园的兽医巴比库却不同意这么做。他认为，大象是一种非常善良的动物，如果没有人伤害它们，是绝对不会伤人的。巴比库主张仔细地观察这头大象，找到它发怒的原因，才能作出正确的判断。

不等管理处作出最后结论，巴比库便带了儿子，到公园的深处去观察那头大象了。他在那里有一处面对公园的观察点，在一处刀削斧砍般的山头上，巴比库想方设法在陡峭的山壁上挂了张软梯，只有他才能登上去，他可以在上边观察动物。

巴比库在山顶上观察了整整一天，才用望远镜看到了那头孤象。隐隐约约可以看到，那头象正在河边，用长鼻子吸了水朝头上喷洒。过了一会儿，它又走到一棵大树边，在树干上蹭痒。奇怪的是，它每次把脖子蹭到树干上，便会发出十分痛苦的吼声。再仔细一看，那大象的脖子上似乎有肿块。根据他的经验，那大象恐怕是被偷猎者射伤了，它才会变得如此仇视人类。看到跟偷猎者相似的汽车，听到枪声，闻到火药味，它便会发起狂来，拼命地发动攻击。它应该是受害的动物，作为一名兽医，他有责任替它治好枪伤。

回到管理处，巴比库汇报了情况，征得负责人的同意，第二天便带了几名警卫，携带必要的工具，埋伏在昨天发现大象的河边密林里，他选择的是下风一边，以免大象嗅到人的气味发起狂来。

大象又来了，它像昨天一样又喷水又蹭痒，不时发出吼声。当巴比库渐渐迫近大象，举起麻醉枪的时候，大象似乎发现了情况不妙，它大吼一声，转过身子来，正要朝巴比库冲去。只听“啪、啪”两声之后，大象的后腿上中了两枪，它往前跑了几步，摇摇晃晃又想转身逃走，才走了十几步，身子渐渐发起软来，扬起鼻子朝空中卷扬了几下，发出一声痛苦而愤怒的长吼，倒在了地上。

巴比库估计大象已完全昏迷，便拎着药箱飞快地跑上前去，到大象颈旁跪下，用手按了按隆起的肿块，立刻发觉里边不但有软软的浓血，还有一块硬硬的弹头。大约偷猎者在远处开枪,才只伤了大象而没把它打死。

巴比库迅速取出手术刀，在肿块上划开一个十字形的刀口，用镊子到创口中探了探，挟住弹头猛然往外镊出。这时候，大象伤口里的脓血已淌了一地，巴比库熟练地替它清洗了伤口，填上药物，然后缝上，接着又替它打了几针抗菌素，手术才算完成。

这时候，大象的耳朵动了动，看样子马上会醒来，巴比库可不想被它误会，立刻收拾好手术箱，匆匆快步离开了大象，跟警卫们一同回到了管理处。

打这以后，巴比库又登上了自己的观察所，对这头受伤的大象追踪观察了好几天。他欣慰地发现，那头大象似乎变了许多，它再也不去追赶汽车。又过了一阵子，它又回到了象群中，成为温驯的象群中的一员。

一场惊险终于过去了，巴比库感到，幸亏自己相信大象善良的本性，才没有酿成杀象的错误。而这一切，是自己应该做的，作为一名兽医，他应该成为动物的朋友。

监察员迪瓦达

肯尼亚的卢多尔夫湖畔，居住着一位名叫迪瓦达的黑人女教师。她心地善良，又热爱动物，被肯尼亚保护野生动物委员会聘为保护野生动物监察员。

有一次，她带领学生外出游玩时，发现了一头被瀑布带下的石块击伤的小河马，她就发动大家把小河马抬到自己家中。迪瓦达为小河马洗净伤口，又敷上药膏，悉心照顾了一个多星期，小河马的伤口终于痊愈了。

迪瓦达见小河马恢复了健康，就用草把它引到卢多尔夫湖边，希望它回到大自然去。谁知，她刚转过身，小河马就又跟着她走回她的住所。迪瓦达见小河马不愿离开她，就随便它在屋前屋后吃喝玩耍了。

不久，小河马长大了，另一头雄河马被它吸引来了。两头河马在迪瓦达家附近的泥塘里嬉闹玩耍，它们还用树枝搭起了一个庞大的隐蔽所。迪瓦达知道这两头河马到了生殖期，心里十分高兴。她嘱咐学生们经常送点儿嫩草过去，但千万别去惊扰它们。

一年后，这两头河马又生出了一头小河马。小河马长得很快，不久就和它们的父母一般高了。迪瓦达的左邻右舍嘲笑她说："自己不早一点结婚，却养着这么一群呆头呆脑的蠢东西，有什么用呢？"

迪瓦达听了，并不介意，她说："只要孩子们每天拔一把嫩草，他们就能十分仔细地观察到河马的生活习性，这有什么不好呢？再说保护动物，是我这个监察员的责任呀。"

迪瓦达一番话，说得嘲讽她的人哑口无言。

迪瓦达除了让河马作为她的活教材外，还训练这三头河马能听懂她的简单命令。她叫"张嘴"，三头河马都会张开大嘴；她叫"吐出来"，三头河马立刻会将嘴里的东西全吐出来，不管那是多么可口的东西。

这年雨季的一天，暴雨倾盆，河水猛涨。平时迪瓦达从学校回家，都要经过一条很浅的小河。但是，今天小河水却涨上了岸，河上的小木桥也被湍急的河水冲得不知去向。迪瓦达在河边转了好一会儿，不知如何是好，想到下午还要上课，必须回家拿些教材，她只好挽起裤腿，试着趟水过河。

迪瓦达正在水中一步一步向前走，突然发现有段枯木似的东西逆水向她漂来。迪瓦达觉得很奇怪，难道是冲走的小木桥又漂回来了？她仔细一看，不禁惊叫起来："天啦，是鳄鱼！该死的鳄鱼！"

果然，那段貌似枯木的东西竟是一条近三米长的大鳄鱼，它的眼珠死死瞪着迪瓦达，长长的嘴巴离她只有五米远了。

迪瓦达猛地一转身，刚要冲回河岸，却发现又有一条大鳄鱼从右边窜过来，一下子截断了她的退路。

这两条大鳄鱼是从涨水的卢多尔夫湖游进这条小河的，一进河口就遇上了猎物，它们是不肯轻易放过的。

这时，四处无人，迪瓦达走投无路。惊恐之中她猛地想起与她朝夕相伴的三头河马来，就放声高呼起它们的名字。

她一边喊，一边朝左边趟去。两条大鳄鱼，一条在河中间，一条在河边，朝迪瓦达逼来。

正当迪瓦达感到绝望时，"哗啦啦"一阵水响，河中央冒出一头大河马，一口咬住了一条鳄鱼的大尾巴，大脑袋一甩，竟把那条鳄鱼翻了个身。

忽然，另外两头河马又在靠岸的水里冒了出来，张着大嘴冲向另一条鳄鱼。另一条鳄鱼见事不妙，"呼"地窜向右边，眨眼间就消失得无影无踪。

这时，被那头河马咬住尾巴的鳄鱼正在拼命挣扎，无奈河马那嚼草的嘴巴强劲有力，它拖着那条大鳄鱼，一步一步上了河岸。

鳄鱼的长嘴和尾巴上流着血，如果肚子上再被另外两头河马咬一口，非送命不可。迪瓦达想起自己保护野生动物的神圣使命，就大声喊道："吐出来，把鳄鱼吐出来！"

大河马顿时愣在那里，停了一会，他终于按照她的指令，松开了口。这时，那条鳄鱼的尾巴几乎要断下来了，但它还是一个翻身，钻进水里逃走了。

护林员穆尼克

进入四月份，澳大利亚的秋季来临。东部山区的广阔的落叶林带，染上了一片金黄。气候变得干燥起来，干枯的落叶铺满了林间的空地，厚厚的落叶层在秋风中翻卷着，哪怕是一点火种，都会引发起燎原的大火，护林员们一年中最紧张的日子来到了。

这一天，护林员穆尼克很早就出发了。自从当上大分水岭南端的护林员，他五年来一直这么早就踏上巡山的路，每天至少要步行五十公里，察看他管理的一大片山林。看一看山林里有没有隐伏的火险，瞧一瞧树林是不是发生了病虫害，查一查山间的小道还走得通不。他对这一片被保护的林区，可说是了如指掌，所有可能发生灾难的地段都摸得清清楚楚。

穆尼克对四年前秋天的一场山林大火，可以说是永世不忘。那年他参加工作不久，又正好是独自一人巡山，没有及时发现前一天在山间露宿的猎人们留下的篝火堆，结果燃起了一场不大不小的山火。幸好那场火只烧掉山沟里一大片林木,没有蔓延到山上。虽然还算是不幸中的大幸，可是穆尼克却始终忘不了那次深刻的教训。每到这种山火率高发的秋日，他总是特别地当心。他觉得，人在一生中难免会出一点差错，但是，同样的差错决不该发生第二次。

今天一出门，穆尼克便觉得放心了一点。秋天的浓雾，笼罩着整个山头，一百步之外的景物，都变得模模糊糊。雾打湿了一切，连落在地上的枯叶，也好像刚刚在水里洗过一般，恐怕轻易燃烧不起来。看来，今天的巡山，只不过是例行公事。

可是，刚走出几公里远，穆尼克立刻觉得，在这样浓的雾里巡山，并不是一件轻而易举的例行公事。山路沾了雾滴，比平时难走还不算是困难，难的是平日一目了然的火灾高发点现在不走近便无法看清楚。走冤枉路且不说，有的地方根本没有路，平时远远瞧一下便放心了，今天却非走近了看一眼才敢离开，没路的山坡可真难攀援，没过多久，穆尼克便累得气喘吁吁，只得放慢了巡山速度，只盼着这场大雾快点消散。

到上午八点过后，浓雾总算开始消散了，穆尼克的心放宽了许多，他开始盘算如何加快步伐，把刚才两个小时损失的时间补回来。他在一处平时作为休息处的山坡上坐下来，稍稍歇一口气，积聚力量。

这是一面山坡的顶点，坐在预先设置的一段圆木上，就可以看清楚脚下一大片缓缓的山坡，山坡的对面，有一大片树林，树林中间，有一块空地，那些到山里打猎和露宿的人总喜欢在空地上歇脚，因此常常会留下一堆篝火的灰烬，应该是火灾容易发生的地段。

空旷的山坡上，大雾已经基本消失，可是树林中间，浓雾依旧袅袅不绝，用肉眼无法看清楚林间空地上的情况。穆尼克不敢怠慢，举起了望远镜。才看了一会儿，他的心突然猛烈地跳动起来，不好，空地上有异常情况！

根据他的经验，再大的雾也只会在空中翻腾，可是，山坡那边的林间空地中，有一团浓浓的烟雾从地面往上升腾。那分明是粗心的露营客没有把篝火完全熄灭，湿漉漉的树枝和树叶正在冒着浓烟。看浓烟往空中升腾的势态，不用多久，便会卷起火舌，只要火苗一起，遍地的落叶便会燃烧。在山坡上引起大火，火势就会顺坡爬上山头，那怎么得了。

穆尼克惊得一下子站了起来，他瞧了瞧四周，通往对面山坡的路，用最快的速度奔跑，至少也得绕行半个小时，等自己到达危险地点，大火恐怕已经烧起来。怎么办？穆尼克急得连连地跺了跺脚，眼前仿佛出现了无法控制的森林大火的惨状。

他这一跺脚，不小心把搁在圆木下的一块石头跺松了，他坐着的那段圆木慢慢滚动起来。他只得往旁一闪，眼瞧着圆木骨碌滚下山坡去。圆木越滚越快，终于跌入了西面山坡之中，一路上带起许多石子泥沙，压出了一道窄窄的小道。

这时候，穆尼克脑子里突然灵光一闪，想起了自己幼年在苏格兰老家看到的一场比赛。也是这样不算太陡的山坡，年轻的人们把一只木球沿山坡下冲去。谁追上那只木球，谁便是竞赛的胜利者。追逐木球的运动是够刺激的，不少人扭伤了脚踝，跌得鼻青脸肿，可是每年依然举行这种竞赛，年轻人更是乐此不疲，争当获胜的英雄。

看来，要争取提前到达对面山坡上，穆尼克非得来一次一个人的追木球游戏了。他略略观察了一下地形，吸足了一口气，猛地跨出一步，沿着圆木压出来的痕迹，冲下了山坡。穆尼克像追木球的好汉们一样，尽量侧着身子，直往山坡下冲去，只觉得耳旁一阵阵风吹过，下坡的速度越来越快，好不容易冲到了山坡下，他也顾不得脚踝被扭得生疼生疼，立即手脚并用，直朝另一面山坡上攀登。

当穆尼克满头大汗，冲进对面山坡树林的时候，那一堆没有熄灭的篝火已经吐出了红红的火舌，他顺手擦了擦脸上淌着的不知是汗水还是被树枝划破后流出的血，拗下一段树枝，立即投入了扑火的行动。

一刻钟后，火苗被扑灭了。穆尼克脸上又添了一层黑黑的泥灰。他匆匆擦了擦额头，略略整理了一下破碎了的衣衫，又踏上了继续巡山的道路。

培养做人的尊严

安东·谢苗诺维奇·马卡连柯（1888—1939），前苏联杰出的教育实践家、理论家、“高尔基工学团”的创始人。

1920年，苏联建国初期一场捍卫新政权的战争行将结束，一群在战争中身心都受到严重创伤的孩子，极需组织来帮助。波尔塔瓦省教育厅决定成立一个“少年违法者工学团”，他们任命乌克兰铁路小学的校长马卡连柯担任这个工学团的主任。马卡连柯就这样走马上任，在这里工作了八年。

建团初期，工学团内一片混乱。孩子们目不识丁，缺少道德观念，沾染着种种恶习，又对一切都感到麻木。孩子们中间，还有一些小霸王，这些问题孩子在进团之前多多少少都犯过轻微的罪行。抢劫、打架、偷盗的生活经历，使这些人对什么都不在乎，还把社会上弱肉强食的那一套搬进了工学团，他们欺负年纪小的同学，常常在学校角落里打架，以确定谁是学校里的“老大”。

工学团所有的管理人员都对这些学员的无法无天感到愤慨，他们建议报请契卡，把几个为首分子抓进监狱惩处。马卡连柯却不同意，他说：“假如他们该判罪，就不会送到我们这儿来了。我们这里是一所特殊的学校，教育的原则对每一个学生都适用。”他告诫每一个教师，要用自己的热忱软化那些人的倔强，不管怎样，都要坚持正面教育。

经过一年的努力，波尔塔瓦少年违法者工学团终于走上了正轨。那些在战争中身心受到严重创伤的孩子，已经改变了缺少道德、感情麻木的状态，内部的各种规章制度也逐步建立起来。马卡连柯立即把工学团的名称作了改变，称作“高尔基工学团”，以免挫伤孩子们的自尊心。

可是，工学团地处偏僻，设备太差。马卡连柯一连向上级递了几次申请，好不容易争取到了两千卢布的教育资金。上级吩咐马卡连柯，填写好委托书，派一个可靠的人，到市里教育部门去取回来。

马卡连柯叫来一名学员，吩咐说："谢苗，你去把这两千卢布取回来，我给你准备了一匹马，天黑之前赶回来。"说完，从腰间解下自己的手枪，让他作防身的武器。

谢苗听了，睁大双眼，惊愕地问："两千卢布？要是我取了钱，带着手枪逃走，你怎么办？你是知道的，我当过小偷！"说着，两眼禁不住噙满了泪水。

"少说废话。"马卡连柯大声斥责他，"我已经签好了委托书，交给了你，你就去取！"说着，把委托书和手枪一齐塞到谢苗手里。谢苗低着脑袋，含含糊糊应了声："好，我去！"一阵风般冲出了办公室。一会儿，门口传来一阵马嘶，马蹄声声，飞一般远去。

离天黑还有一段时间，谢苗骑着马，飞也似的回了工学团。下了马，他冲进办公室，气喘吁吁地把一叠整齐的钞票和手枪放到办公桌上，对马卡连柯说："请您数一数。"马卡连柯却看也没看，拉开办公室抽屉，就把手枪和钱一齐放了进去。

谢苗有点着急了，他提高嗓门："请您务必数一数！"可是，马卡连柯头也没抬，只说了句："你这个人真叫奇怪，领钱的时候，你不是数过了吗？"

谢苗急得扯大嗓门叫起来："您这是在捉弄我！您不可能这样信任我！您在冒险，故意冒险！"马卡连柯若有所思，回答说："冒险？去取这么一笔款子怎会不冒一点险？不过，你年轻力壮，马又骑得好，冒的险总比我小一点。像我这样的人，容易被人认出来，冒的险就会比你大得多。你说是不是？"

谢苗激动得抓住窗上的栅栏，大声地吼道："安东·谢苗诺维奇，我只想对你说，我骑在马上，一直对自己说，要是树林里真有强盗冲出来，想抢我的钱，不管有多少人，我一定开枪。子弹打完了，我就扑上去咬，去撕，除非他们把我杀死！免得您认为我不会把钱送回来！”

马卡连柯笑了笑，告诉谢苗：“我决定让你去取钱时，就相信你一定会把钱取回来。我要求你办事，就是尊重你的人格。你出色地完成了任务，说明我没有看错你。”

谢苗把脑袋一下子靠在臂弯里，来掩饰抑制不住的热泪。他顿了顿左腿，飞快地窜出办公室。从此以后，谢苗感受到了被人信任和尊重，建立起自身的尊严，很快成为高尔基工学团的基本骨干。

马卡连柯就这样，在高尔基工学团培养出数以千计的像谢苗这样的人才。他们中间，许多人后来成为战斗英雄、先进生产者和各种勋章的获得者。

大文豪编初级课本

列夫·托尔斯泰（1828—1910），俄罗斯伟大的作家、民主思想家、农民教育的实践家。

托尔斯泰在家乡图拉城有个波良纳庄园，庄园里有 300 名农奴，他是个不折不扣的农奴主。但是，托尔斯泰又最不愿意人家喊他“老爷”，他反对农奴制度，反对俄国的政治制度；他自称“一亿农民的律师”，呼吁把土地公有，归还给农民；还常常回到波良纳庄园，穿着农奴的服饰，与农奴一样下田干活，啃黑面包；尽量替自己的农奴们办些实事。托尔斯泰觉得，只有这样做了，才能稍解自己心头的不安。

1870 年，托尔斯泰写完了他的史诗般的巨著《战争与和平》，又来到波良纳庄园，与农奴们一同除草、耕地。闲来无事，托尔斯泰开始学习希腊文，没学多久，他就要希腊文教师出题考试。结果托尔斯泰成绩优异，不用字典，就能翻译希腊语短文，让教师惊诧极了。

第二天，割完一茬草，托尔斯泰和几个老年农夫一同坐在田头闲谈，讲起昨天的考试，托尔斯泰不免有些得意。言谈之中，透露出一种看法：任何难的东西，只要肯花功夫，没有什么是学不成的。波良纳庄园每一位农夫的孩子，如果能克服困难，学好文化，就一定能改变自己的地位，成为对社会有用的人。

“老爷。”一旁的农奴又用上了托尔斯泰最不愿听的称呼，“您是一位好人。可是，我们的孩子学会了文化又有什么用！他们长大了依旧要在您的庄园里种田，而且他们现在也抽不出更多的时间去读那些弄不懂的书，与其去挨老师的板子，还不如在田头帮一把呢。”

一席话，像瓢冷水浇到托尔斯泰发烫的心头，使他沉入冰冷的深渊。十年前，托尔斯泰就在自己的农庄办了儿童学校，召收所有的学龄儿童，聘请教师教孩子们读书识字，向他们传授知识。难道这十年来，自己的努力竟换来这样的结果？

托尔斯泰绝不甘心自己的好意化作泡影，他立刻到自己办的农村学校去调查。学校教师们听了托尔斯泰的疑问，个个摇着脑袋喊冤枉。唉，农奴的孩子实在太笨，没有纪律，不稍加惩处，他们怎么能背熟课本上那些文章？每一个学生总要经过背诵，才能逐步掌握课本上规定的内容呀。这么多年来，哪一所学校不是这么干的？

托尔斯泰不敢苟同那些教师的说法。但是，几千年来，教学的方法确实是一成不变，又怎样改变这种错误的做法呢？他可以下令取消波良纳庄园小学的体罚制度，却无法代替对读书不感兴趣的孩子去学习。

一连几天，托尔斯泰坐卧不安，努力寻找自己庄园小学的出路。最终，他找到了改变教学面貌的突破口，他决定自己编写一本适合俄国孩子的教科书来，这本《识字课本》既要包含孩子们应该学到的知识，又要难易适当。

要写一本小说，托尔斯泰已经是轻车熟道，在他胸中，包容着整个俄国社会，他只要把社会真实面貌搬进小说就行了。现在要编一本适合孩子需要的《识字课本》，却实在是困难。

托尔斯泰把编课本当作替农夫们服务的工作，定下心来，广泛阅读了各种科学知识读本。他钻研了物理学、历史学、人类学、地理学，研究了阿拉伯和印度的文学，亲自圈定了六百多篇材料，编写出故事。然后，他又把厚厚的课本进行精简，按学科和难易排列，精选出几十篇课文，一本新的《识字课本》终于印出来了。

新课本受到孩子们的欢迎，他们从听讲故事中很容易掌握了知识。老师们也不必整日里提着木板，逼着孩子们死记硬背了。《识字课本》发行量一年比一年大，俄罗斯好几代儿童，都用托尔斯泰编写的课本，学会了读书和写字。

学院秘书

每天早上，在俄罗斯帝国美术学院的校园内，你总可以看到一位中年人。他穿一件朴素的短外套，从这一幢楼步行到那一幢楼，对每一条道路，每一堵墙，每一个教室都十分关切。看看哪儿应该进行修缮，哪儿需要重建，哪些空房可以派上什么用处。好像哪一天不用自己的脚步量完全学院每一寸土地，他便缺了些什么似的，他，就是当时负责学院日常工作的院务委员会议的秘书彼得·伊塞耶夫先生。

今天，伊塞耶夫走过库谢辽夫画廊，发觉自己去年千方百计腾出来的这几间房子，屋角已经有些渗漏。唉，学校办在这么一大片年久失修的老房子里，叫他这个管家秘书实在难办。不过库谢辽夫是本院毕业的最出名的画家，尽管经费困难，自己总要想法把这屋子整修好，以免损坏了那些珍贵的传世名作。

再往前去，便是自己新辟的学生作品展示处了。伊塞耶夫多么想在学生中，多出一些像库谢辽夫般的天才呀，他在库谢辽夫画廊边设立这处在校学生作品的展示处，就是要让学生们以他们年长的校友为榜样，成为俄罗斯画坛的中流砥柱。自己年轻时的梦想能在学生身上实现，他就心满意足了。

刚走出画廊，迎面碰上了一位高年级的学生。他大约在路旁等候已久了，看到伊塞耶夫走近，便立刻迎上前去，恭恭敬敬行了个礼，对伊塞耶夫说："先生，我们学生代表有个请求，恳请您帮忙。"说着，从口袋里掏出一份材料，递到伊塞耶夫手中。

伊塞耶夫接过那几张纸，匆匆看了一遍。那是一位学生互助储金会的章程，在美术学院就读的学生中间，很多学生并不富裕，他们住的是简陋的公寓，吃的是清淡的饭菜，有的人连一日三餐都不易混饱，这一点伊塞耶夫是清楚的。能够建立学生自己的互助储金会，倒是个极好的主意。

伊塞耶夫脸上露出了笑容，抬头瞟了那位学生代表一眼。正站在路中央忐忑不安的学生连忙开了口："先生，我们的要求并不苛刻。我们互助储金会只想恳请学校借给我们一间教室，哪怕是小小的一间，让我们每周借用一趟，我们可以在里面办理储蓄业务。大家都说，先生最关心我们学生，只要您能答应，我们的事便好办了。先生……"

"你们做得对。"伊塞耶夫立即表示了自己的态度，"教室的事，我一定会替你们解决的。不过，我也有个建议，你们的储蓄金会能不能也批准我也参加？另外，我会派一名你们信得过的教师，担任你们储金会的副会长，他负责监督储金会的活动。你看，这样做行不行？"学生代表想不到事情办得如此顺利，留下章程兴高采烈地走了。

伊塞耶夫也十分高兴，学生有了互助储金会，由他负责的助学金发放工作无疑得到了一个帮手，他也不至于像以前那样因为金额太少，捉襟见肘和无所适从了。但是，自己已经申请成为储金会员了，应该给这个新组织一份怎样的礼物呢？他边思索边往前走，不知不觉来到了在校学生作业展示处。

这原是一处画室，画室里，有好几位学生正对自己临摹作品作最后的修饰。伊塞耶夫一眼便看中了其中的一幅，一位穿着破旧的工作衣的学生，正在加工他临摹的哈勒的油画《斯拉窝尼亚人》。看来，这位学生有比较扎实的基本功，对原画的精神理解得很透彻，要不是知道他在临摹，一般的人差不多会把他所临摹的作品当作真品呢。他走到那位学生身后，不由得发出由衷的赞叹声。

那位学生被惊动了，回过头来，看到是秘书先生在看自己作画，他本来就有点拘束，再看到伊塞耶夫不住地打量自己那件又破又脏的工作衣，忍不住在脸颊升起了两团红晕，他简直是手足无措了。

伊塞耶夫不想再惊吓他，便友善地跟他谈起了哈勒和《斯拉窝尼亚人》，谈起了学习画法的技巧，谈起了学院艰苦的生活。那学生越谈越尴尬，他不愿在秘书先生面前透露自己窘迫的生活，更不愿谈起钱。

“你这幅临摹是我见到的最出色的，”伊塞耶夫终于言归正传，“我愿意买下它，然后把它挂到库谢辽夫画廊中去，你画好了就请工人送给我，价钱由你定。”看到那位学生脸上绽开了欢乐的花朵，伊塞耶夫也笑了：“不过，我有一个请求。你们学生中即将成立一个互助储金会，你得把这笔钱以你的名义存进去。刚才我已答应参加你们的储金会，今后我们就都是会员了。”

那位学生高兴极了，他本人就是储金会的发起人之一，怎么会拒绝伊塞耶夫充满关怀的建议呢？况且，自己的作品能挂到库谢辽夫画廊去展览，那该是一种多么崇高的荣誉呀！他激动得直点头，一句话也说不出来。

就这样，彼得·伊塞耶夫常常到学生作品处去寻觅优秀作品，把它们买下来，挂到库谢辽夫画廊中去。他这么做，既全力支持了储金会的工作，又激励了优秀的学生，帮助他们解决了生活困难，真是一举两得。而伊塞耶夫，凭着他对工作的认真负责，对学生的关心，成为学生最爱戴的行政人员，被称为好秘书，好教师和学生作品收藏家。

种子库保管员

1941 年 6 月 22 日的凌晨，一场灾难突然降临在苏联人民面前，希特勒悍然发动了代号为“巴巴罗沙”的侵略战争，6000 门大炮一齐开火，2000 架轰炸机掠过长空，近 300 万德国侵略军，在边界线上，发动了疯狂的突然袭击。

准备不够充分的苏联红军陷入了极端被动的局面。第一天，他们就损失了 1200 架飞机，执行闪电战术的德国坦克到这天黄昏，已经深入苏联领土 50 多公里。尽管莫斯科大本营在当晚下达了全面狙击敌军的命令，但是，兵分三路的德军，在开始的几个月内依旧势不可挡，卫国战争进入了最困难的阶段。

在三条战线中，斗争最艰苦的要数波罗的海沿岸地区，从 6 月 22 日卫国战争开始，不到两个月，德军便兵临列宁格勒城下。由于列宁格勒军民奋勇抵抗，德军无法攻下这座北方的军事重镇。于是，德军统帅部决定采取灭绝人性的封锁政策，妄图把列宁格勒从地图上抹掉。从 1941 年 11 月开始，直至 1943 年 1 月，一年零两个月的围城与反围城的艰苦斗争开始了。

这是多么艰难的斗争岁月那。从当年的十一月中旬开始，列宁格勒便严重缺乏供应了，实行粮食配给之后，每人的口粮一天比一天少，到最后，除了保证伤病员的供应外，每人每天只有二两半面包，在整个围城期间，六十三万人离开了人世，其中六十万人是因为饥饿和营养不良死去的。粮食，成为被围的列宁格勒最宝贵的东西。

全城军民为着每一粒可以吃的粮食而奋斗。冬天，在列宁格勒的东北面，冰冻的拉多加湖上建立起一条炸不垮的冰上运输线。60 辆卡车，在弹痕累累的冰上日夜运着城内需要的粮食，冰上之路成为整个城市的“生命线”。

城内，全体军民也为珍惜每一颗粮食而奋斗。有时候，运面包的军车被炸了，在场的人会把散落的面包一个个捡起来，擦干净，堆放好，然后送到它该送去的地方。捡拾面包的人虽然十分饥饿，但没有哪个把到手的面包私藏起一只来。

当围城的艰苦岁月进入最艰难的夏季的时候，城内一切可以当作食物的都被征集起来了。养马场喂马的燕麦，榨油厂作燃料的棉籽，甚至被打沉的船中已发了芽的谷子，都成为粮食的代用品，成为人们餐桌上的佳肴。

但是，在整个被围时期，列宁格勒有一个单位，始终保存着一批粮食。从被围的第一天开始，到解围那天，它的仓库里的这批粮食，一颗也没有缺少。这个单位，便是举世闻名的马维诺夫研究院。

这所以俄罗斯植物学家马维诺夫命名的研究院，是列宁格勒的骄傲。这是一个地球植物种子的宝库。和平年代，研究院的植物学家们，通过种子交换和实地采集，贮存了世界上绝大多数植物的种子。这里有全世界各地的牧草的种子，北至英格兰和冰岛的草种，南到开普敦附近的草皮良种；这里也有北极寒冷地区的灌木种子，有热带丛林里奇异花木的种子，还有沙漠边缘最耐旱的植物种子。

在研究院仓库中，最有价值的是世界各地的粮食种子。自从人类进入农业社会，各民族便培育出种种供人食用的粮食，它们有小麦，有稻米，有玉米，还有种种只有少数民族食用的根茎和枝叶。这些都是人类文明的结果，研究院尽量搜集它们，存放在仓库中。科学家们还有一个梦想，今后能够在人类文明的基础上，通过科学育种，培育出新的粮食作物来。

当列宁格勒被围的时候，粮食作物专家伊凡诺夫便在马维诺夫研究院工作，负责保管所有的粮食种子。由于战争的关系，整个研究所只剩下九个工作人员，各自负责每一类种子的保管工作。

当饥饿来临，每一位公民只有很少的一点口粮的时候，伊凡诺夫他们感到了责任的重大。

在伊凡诺夫负责的粮食种子库里，尽管每一种粮食种子数量并不多，但所有品种的种子聚集在一起，可不是一个小数目。它们立刻可以变成香喷喷的面包、米饭、糕点，填饱辘辘饥肠。伊凡诺夫下定决心保护这些种子，他说："当全世界都陷入战争的时候，我一定要为所有未来的人守卫好这些种子。"

伊凡诺夫和他的同事们日复一日守卫在研究院的仓库里，这里就是他们的战场。饥饿同样袭击着这些种子的保卫者，日日夜夜的辛劳损害了他们的健康，他们忍着饥饿，拖着病体，继续坚持在第一线。假如伊凡诺夫在自己看守的种子中间取出一点点，他完全可以度过饥饿的难关，维持自己的生命。而那些种子少了一点点，也完全不会影响整个种子库的功能，但是伊凡诺夫宁愿忍受着饥饿的折磨，也不去动一粒种子。伊凡诺夫和他另外三位同事，就因为饥饿和营养不良，光荣地牺牲在自己守卫的种子旁边，成为列宁格勒六十三万牺牲者中的一员。

为了自己的事业，为了守卫每一颗种子，伊凡诺夫宁愿牺牲生命，也不去动一粒可以维持生命的粮食，一位真正的科学家的这种优秀品质，将永远记载在马维诺夫研究院光辉的史册之中。

高明的校对员

这是苏联十月革命之后的第三年，两年前那场大动荡，由于苏维埃采取了正确的策略，已经日趋平静。生产已逐渐恢复，生活也日趋安定，各行各业百废待兴，就连大大小小的报纸、杂志，也恢复了旧貌，变得丰富多彩起来。

不过，什么事都会有它的难处。报纸办好了，出了点名气，也会招惹麻烦。这不，《海员报》的全体同仁，聚集在会议室里，正对着一篇来稿发愁。说真的，上至总编，下至校对，都不知如何处理它呢。

这是老作家梭勃里给《海员报》投寄来的一个短篇小说。按理说，梭勃里给报纸来稿，是编缉部的荣耀，别的报纸还没有这种幸运呢，报纸该在显要位置刊登，并配上编辑部对老作家表示感谢的话语。

但是，这篇小说实在让人不敢恭维。虽说题材不错，一些地方确实写得大有才气，而从全篇来说，却是杂乱无章。它通篇不分段落，几乎看不清有多少标点符号，因此谁也无法立刻读得懂它。

就这样登出去？不行，那不仅会让老作者丢尽了脸，也会使报纸蒙羞。或者去请梭勃里自己修改一番？也不行，这老头的脾气是出了名的，他恐怕对自己这篇作品已经失去了兴趣，谁也不会敢去捋老虎须。至于要请在座哪一位代劳，那可是天方夜谭式的建议。研究来研究去，没有哪个敢拿出最后办法来，于是只能做一个不是决定的决定，让年纪最轻的编辑带回宿舍再拜读一遍，提出个人意见来。那位资格最浅的编辑只能接下这一只烫手的山芋，皱着眉头出了会议室。

最后一个离开会议室的，是校对员布拉果夫。十月革命前，他是俄国最出名的《俄语报》的副主编，是办报的老手了。可现在他只是名小小的校对员，在那些编辑、记者们侃侃而谈的时候，他也在动脑筋想办法，却不敢发表意见，人微言轻那，说了也不管用。可是，那稿子布拉果夫也看过，觉得并不是没有修改的可能。回到家中，他左思右想，总放不下老作家那篇小说。最后，还是一位老编辑的责任心占了上风。布拉果终于穿上大衣，踏着积雪，去报社敲开了的年轻编辑宿舍的大门。

这位年轻编辑正为稿子发愁呢，看到布拉果夫在深夜10点多钟来造访，从内心里感到一阵温暖。他便跟校对员对饮了一杯伏特加，滔滔不绝地诉起苦来。他以为布拉果夫是同情自己，连夜前来安慰一番的。

“我跟你说，”布拉果夫打断他，“我忘不了它。一篇好作品怎么能白白扔掉？您知道，我是个老报人，总改不了往日的习惯……”听到这里，这位年轻编辑才明白了布拉果的本意。他把头摇得像教堂顶上的钟，无论如何不答应布拉果夫改动梭勃里的文章，哪怕改一个字也不行。

“好吧，”布拉果夫坚定地说，“把原稿给我，我就当着您的面，把小说整理一遍。我用人格担保，保证不改动梭勃里一个字。”说完，他从口袋里掏出两段粗大的蜡烛，走到宿舍一角的那只大箱子边，点亮其中一枝，坐下来等候年轻编辑拿出原稿。

年轻编辑被他认真的态度感动了。迟疑了一会儿，终于从桌子上取过原稿交给了布拉果夫，看着他开始整理小说。冬夜是那么漫长，又那么宁静。年轻编辑瞧着瞧着，忍不住伏在桌子上睡着了。等他一觉醒来，发觉布拉果夫已把他的大衣披在自己身上，天也快亮了，布拉果夫正在对原稿作最后一页的修饰。

他忍不住好奇，走上前去，看到布拉果夫带来的蜡烛只剩下最后短短的一截，那份稿子也已经快整理完成了。他取过已经修改好的一叠，仔细地阅读起来。

咦！这老家伙真有点妙手回春的本领呢。先前杂乱无章的稿子，被他一改动，居然变得简洁流畅起来，应该突出的地方，他都分了段，让人一目了然。文章显得更加生动，而梭勃里写的，确实没加一个字词，没删去一点点。真是奇迹！

布拉果夫递出最后一页，笑着说："梭勃里这老家伙一向散漫惯了，老是忽略了标点，写这稿子时恐怕又多喝了几杯伏特加，连分段也忘了。其实，标点和分段好比人的鼻子和眼睛，是桩大事情，连普希金都不敢马虎。他倒好，把文章弄得一塌糊涂！"

小说在这一个月的最后一天见报了，很受读者欢迎。可是，第二天上午，梭勃里便气冲冲闯进了编辑室。"谁动了我的小说？"梭勃里大吵大嚷，"我会查出来的，别对我撒谎！"说完，伸出手中的拐棍，把桌子敲得"啪、啪"响。

隔壁校对室里的布拉果夫听到动静，走了过来，慢吞吞对梭勃里说："假如您认为在尊稿上添了必要的标点，就算是触犯了您的尊严，那么，就算是我改的好了。我可是个校对员,必须尽我的职责。不信去调原稿来，看看是不是这么回事。"

"啊哈！"梭勃里扑向布拉果夫，"您终于被我逮住了，老伙计。真的太感谢您啦！您又教训了我一通，让我认识到自己对以前作品的过错。"梭勃里又笑着夸奖了一句："这世界上，恐怕只有您是最认真、最高明的校对员了！"

年轻的教授

1891年，巴甫洛夫当上了彼得堡大学的生理学教授。自从20年前，他怀里揣着一张“贫困证明书”，免费来到这所当时全俄罗斯的最高学府免费读书开始，巴甫洛夫便勤奋读书，且在毕业时获得了金质奖章。以后又转到军医学院深造，很快成为年轻的生理学者中的佼佼者，特别是当他作出了被称为“假饲”的著名实验，让人们能具体地观察动物的消化过程后，他更是名声鹊起，成为彼得堡大学最受注目的人。

这位年仅41岁的教授是最受学生欢迎的人。他的课风趣、生动，有令人信服的实验，向听讲者提供大量材料。他既不像有的教授那样，只在课堂上搬一些现成的结论，让学生听得昏昏欲睡；也不像有些看来颇具后台，却没有真才实学的人那样浪费别人的时间。他的每一堂课，总是挤满了听讲的学生，课讲完了，好多人还围着年轻的教授，久久不愿离开。

彼得堡的夏日是美丽的，彼得堡的初秋更加迷人。当寒风早早地吹皱了涅瓦河水的时候，巴甫洛夫的学生们发现，他们尊敬的教授衣着依然是那么单薄，他似乎一直穿着自己那套见客时也穿着的衣服，一点儿也不想根据天气的变化而有所增添。起初，大家还以为这是学者不拘小节，或者疏于生活细节的体现，对他们这位醉心事业的策划者平添了一份敬意。

但是，许多细节告诉学生们，巴甫洛夫并不是不愿穿得暖和些，他的家境实在不富裕，虽然已经身为教授，当时的兼职教授收入并不多，从一个穷教士家庭里走出来的孩子，又一直在收入不高的学校工作，要养活一家人已经十分困难，他没有打扮自己的条件。

学生们真为自己的老师感到难过，在讲坛上，他精神抖擞，为学生们奉献一切，努力把知识传授给大家；回家后，还要为家人操劳，受着生活窘迫的折磨。他们在暗地里商量好，凑了一笔钱，帮助老师解决困难。

但是，学生们也知道，接受这么一笔钱，等于接受学生的施舍，巴甫洛夫教授无论如何不会答应的，他们也绝不能让老师知道这件事，免得带来尴尬。他们商量了好久，终于想出了一个两全其美的办法。

这一天，学生们派了几个代表，来找巴甫洛夫："老师，彼得堡有一批医师，仰慕您的学说。他们想组织一个特别班，请您给他们讲讲条件反射。"看到巴甫洛夫高兴地答应下来，代表们相互使了个眼色，又说："他们凑了一点钱，作为特别班的开支，请老师收下。"说着，把那笔钱交给了巴甫洛夫。巴甫洛夫只说了一句："是缺一点开支呢。"很爽快地收下了那笔钱。

替老师办事，学生们当然最卖力。不久，有关条件反射的特别班终于开始了。学生们请了许多医师，自己也到教室捧场，教室外边还贴了海报，一切都搞得有声有色，还吸引了一些别的系科的爱好者来参加。

巴甫洛夫在热烈的掌声中走上讲台，他在黑板上写了"条件反射"一行字，然后回过身来，对全教室的人说："现在，我先给大家讲一个故事。"说着，他抬起了头，仿佛在回忆一个久远时代发生的事。

"那是三十年前，"巴甫洛夫开始了他的故事，"在中部的梁赞城里，有户人家养了一条狗，这条狗被铁链拴在门口的柱子上，非常凶狠，一见到人就'汪汪'乱叫，吓得谁也不敢接近拴着它的大门。"

"有一天，一位大脑袋的穷孩子走过大门，看到那条狗冲着他狂吠，感到十分奇怪：干吗要用链子锁住它？他便走上前，想解开它的铁链。一旁的小伙伴急得大叫起来，要他别解开铁链，别让狗咬着。一边叫，一边吓得四散而逃，只怕太迟了被狗咬着。"

"那大头孩子不信，真的把铁链解了。可也奇怪，那狗被解了铁链，反而变得十分温顺，甚至允许大头孩子伸手去抚摸它。为什么凶恶的狗会发生这么大的变化？当时谁也说不清，就连那大头娃娃也莫名其妙。"

“直到后来，那个孩子读了大学，成了一名生物学者，才明白了其中的道理：狗被套上铁链，对那条狗来说，是一种强烈的刺激条件，这种条件使它产生了强烈的保护自己的反射，因此这条狗变得十分凶恶。一旦打开铁链，失去了刺激条件，便不再引起保护自己的反射，它就变得温顺了。这就是我今天要讲的内容：条件反射……”

听到这里，在座的人都已明白，梁赞城里那位大脑袋的孩子，便是眼前这位著名的生物学家巴甫洛夫。而他那个有趣的解开恶狗铁链的故事，确实非常通俗，又非常恰当地解释了条件反射的道理。

一阵议论之后，爆发出一阵热烈的掌声。掌声过后，巴甫洛夫又提高嗓门向大家说：“刚才只是举个寻常的例子，要证明条件反射，还得有科学的实验。这些实验在我们实验室里经常进行，有机会一定带大家去参观。”

演讲结束的时候，巴甫洛夫特别提到了那笔款子，他感谢在座各位，支持实验室的实验，他已把那笔钱买了一些实验用的动物。听到这里，那些组织特别班的学生真是哭笑不得，特别班办得这么好，可自己想从经济上帮助老师的计划却落了空。

山不厌高

盖伊是十九世纪俄罗斯的一位杰出的画家，自从在俄罗斯美术学院毕业后,他就在画坛上崭露头角。因为创作《隐多耳女巫召唤撒母耳幽灵》获得大金质奖章，他的名声便流传开来。等到他从意大利留学归国，便成为整个俄罗斯最知名的画家之一了。

就是这样一位画坛的杰出人物，每当他作画的时候，总要虚心听取各方面的意见，无论是谁，只要能提出中肯的意见，他总会认真听取，并且不厌其烦地修改自己的画，只要他自己还不满意，就从不肯搁下画笔。他常说，一幅好的画没有三个人提出意见，不改过几次，就不能算真正完成。虚心听取意见，正是盖伊成功的秘诀。

有一年夏天，一位深受盖伊敬重的伯爵请盖伊替自己塑一尊半身像。盖伊答应下来，他花了大半个月才把塑像完成，送到工厂去制模浇铸。照理说，这并不算一次真正的艺术创作，但盖伊还是因为完成了一件作品而高兴。按惯例，他要去咖啡馆小坐片刻，享受一下完成工作之后的片刻宁静。

正当他心旷神怡地啜着浓浓的咖啡的时候，临座的几位客人却讲起了美术界盛传的笑话。一位年轻人提到西班牙画家的故事，说有位画家为了掩饰国王瘸了的一条腿，瞎了的左眼，竟然替国王画了一幅正在打猎的“标准像”，让国王把瘸腿搁在石头上，眯着左眼在瞄准猎物，青年人的故事，立刻引来满座的哄笑。

在一旁的盖伊禁不住莞尔一笑，但他的笑容立刻凝住。他突然想起，这些日子替伯爵塑半身像，有可能忽略了伯爵左耳上的一个疣子，如果真的没把这个疣子塑上，自己不也跟西班牙画家一样，存心给伯爵掩饰了吗？自己可不能当第二个“西班牙画家”，让后人在茶余饭后耻笑啊。

想到这里，盖伊顾不上还未饮完的咖啡，匆匆忙忙离开了咖啡馆，直向铸造厂跑去。来到制模车间，他一边嚷着“小疣子！”一边分开众人。还好，塑像的下半部已经填实，头部还没制成模子。盖伊仔细检查了自己制作的塑像，发觉那伯爵左耳上的那颗小疣子已经塑在半身像上，他这才放下心来。

两年之后，盖伊应邀来到大文豪托尔斯泰家，替托尔斯泰夫人作一幅肖像画。能够有这样的机会，是每一位画家都向往的荣耀，盖伊当然要好好珍惜，把这样一幅可能跟托尔斯泰一家流芳百世的肖像画画好。

第一步工作很快就完成了，盖伊为托尔斯泰夫人作了好几幅素描。这些素描从不同角度反映夫人的特征，也能加深盖伊对要创作的肖像画的理解，每一次重大的创作，盖伊都十分重视这一步。

和以往创作一样，盖伊都要广泛征求意见。这一次，他把素描挂在画室里，请托尔斯泰全家以及亲属，要他们对素描提出意见。托尔斯泰的儿子，对母亲当然比任何人都了解，他提出了好多中肯的意见，盖伊一一记录下来，并邀请他随时到自己的画室里来，对以后的创作提出批评。

这以后，小托尔斯泰廖瓦便成为盖伊画室里的常客。他似乎每天都会对盖伊的画提出自己的批评意见，盖伊认真听他的意见，仔细地修改自己的画。托尔斯泰夫人的肖像便在这种创作、讨论、修改之中渐渐完成，一直到廖瓦再也无法挑剔，整幅画这才定稿。

这确实是一幅出色的肖像画：画的背景当然是比较暗淡的，这样可以让肖像更凸现出来；托尔斯泰夫人坐在一张老式木椅上，身穿一件黑色丝绒衣服，衣服上有俄罗斯传统的镶边；夫人满脸的睿智与慈祥，确实像位令人敬重的俄罗斯老太太。

廖瓦对母亲的肖像左看右看，还是看不够。他已经想好，该把肖像画放在客厅的哪一个角落，因为这张像里，也凝结着他对母亲的热爱，他参与了创作的全过程。

出人意料的事发生了。盖伊突然来找廖瓦，说肖像画要完全推翻，铲去重画。原因是托尔斯泰夫人的老仆人提出批评，说这画中的人并不像夫人，画得更像许许多多贵妇人一般。天鹅绒的衣服更显得俗气。夫人和老爷一样，是一位仁慈的圣教徒，画中人完全没有那种神圣的气质。

盖伊不顾廖瓦的反对，毅然铲去了原画，重新开始了创作。他当然还会把托尔斯泰夫人画成一位头顶光圈的天使，只是在画中删去了雍容华贵的色彩，让夫人穿一件黑色的斗蓬，他又在夫人怀中加画了一位天真可爱的小女孩，那孩子幸福地依偎在夫人怀抱中，更烘托出夫人的慈爱。

肖像送到了托尔斯泰家的庄园，全园上下没有一个不说好的，它洗净了一切浮华，又充分体现出托尔斯泰夫人那颗仁爱之心，就连开始时并不赞成铲去第一幅画像的廖瓦，也对这幅肖像赞叹不已，立即把它挂在了庄园客厅最显眼的地方。

每当有人问起这幅画的时候，廖瓦总会给客人介绍起它创作的经过，特别提到盖伊善于倾听批评意见的良好品质。听过他的介绍，人们便更能了解盖伊之所以成为俄罗斯画坛一颗明星的原因了。

听取别人意见，当然是要听正确的意见。盖伊向那些最了解实情的人征求意见，而且是听取正确的意见。托尔斯泰夫人的儿子，不可谓不了解母亲，但他的见解不如老仆人那样深刻、准确，所以盖伊改变了主意，按老仆人的意见重新绘画。说来说去，还是这句话：要善于听取正确的意见。